天気予報活用
ハンドブック

オフィス気象キャスター株式会社 編

四季から読み解く気象災害

丸善出版

はじめに

　日本で生活をしていて、気象災害のニュースを見ない年はありません。交通網や情報網が発展し複雑化した現代、極端な大雨や暴風でそれらが突然遮断され長時間麻痺することによる弊害は、深刻化し続けています。しかも地球温暖化が進む中で、雨の降り方や気温の変化はこれまで以上に激しくなっていくおそれがあるのです。

　「自分の命は自分で守る」。2019年3月、政府は防災に関するガイドラインにこの一文を書き加えました。私たちはこれまで以上に「生きる力」を求められています。

　もちろん、迎え撃つ側も手をこまねいているわけではありません。研究によって現象の解明が進み、新たな知見を取り入れた高度な予報手法に耐えうる高性能なスーパーコンピュータも導入され、予報技術は日進月歩の勢いで発展しています。私たちは数十年ほど前と比べると、驚くほど正確な情報を手に入れられるようになりました。そして、情報の伝え方も進歩しています。国や自治体から出される情報はテレビやラジオだけでなく、インターネットでいつでもどこでも確認できるようになりました。また、かつてキー局が中心だった気象予報士によるテレビの天気予報は、今や特定の地域のみで放送される番組でも見られるようになり、全国で100人を超える気象予報士が活躍しています。

　一方で、気象現象はもともと複雑で難しい現象です。数kmほどの大きさしかない積乱雲から数千kmのスケールを持つ低気圧や高気圧まで大小さまざまな要素が日々の天気に影響を及ぼし、はるか上空の空気の流れまでもが複雑に関係し合って地上に届きます。この複雑で難しい現象から何とか身を守ってもらおうと、国や自治体からは年々多くの情報が提供されますが、テレビやラジオですべての情報を伝えることはもはや不可能ですし、情報を受け取った側も、自分にとって必要な情報を選択することが求められます。情報が自由に大量に手に入る時代だからこそ、活用の「コツ」が一層大切になるのです。

　本書の一番の特長は、気象キャスター経験者の視点でまとめられていることです。放送の現場で実際にどうすれば情報が伝わるのか、どうすれば使っても

らえるのか、日々奮闘した経験をもとに、情報を確実に「役立てる」ために必要なヒントを徹底的に厳選して盛り込みました。

第1章では、天気図の基本的な読み解き方を解説します。この章の内容は放送で解説に立つ気象キャスターが最初に学ぶべき項目でもあります。近年はCG技術が向上し、テレビの天気予報では精細なグラフィックが利用できるようになってシンプルな天気図の登場機会は減りましたが、天気図は今なお、最も多くの情報を得られるツールです。第1章を読み終えると、カメラの前に立つキャスターの気持ちがちょっぴりわかるかもしれません。

第2章では、主な気象災害事例を2010年代に起きたものに限り解説します。個々の事例を見ていくと、大きな被害が起きるときには必ず複数の要因が重なっていることに気づくでしょう。しかもその「重なる」場所は、別の場所だった可能性もあります。次に「重なる」のは、あなたの目の前かもしれません。

第3章では、そんな気象災害に立ち向かうための、情報の活用術をまとめています。各所に散りばめた「伝えたい！ワンポイント」では気象キャスターがどんな思いで、どう受け取ってもらいたくて情報を伝えているのか、そして、「使いたい！ワンポイント」ではどう利用すると最も効果的かを紹介しています。情報は皆さんの命を守るとともに、普段の生活をもっと便利にしてくれます。情報を自分のために役立てる「コツ」を身につけ、自分だけの「防災レシピ」を作ってください。

巻末には、季節の話題をぎゅぎゅっと100個以上詰め込んだ「十二の季節のトピックス」と、より専門的な用語のひとくち解説を集めた「用語集」を掲載しています。

"気象キャスター目線"で書かれた本書は、気象に興味がある人なら誰にでも読んでいただけるよう構成しています。専門的な知識は必要なく、随所に散りばめたコラムは読み飛ばしても、あるいは気になるものから読んでも構いません。また自治体や企業で防災や災害対応に携わる人や、気象キャスターを目指す人にとっては「虎の巻」として使っていただけるよう、実用的な知識を盛り込んでいます。本書で手に入れた知恵が読者の皆さんにとって、令和の"異常気象時代"を生き抜くための力となれば幸いです。

目　次

はじめに

第1章　天気図の見方

第 3 章　防災情報としての気象情報

付　録

おわりに

コ　ラ　ム

【お天気こぼれ話】

【玄人さん向けTips】

【ここで注目！】

※本書は2020年12月時点で公開されている情報に基づいて構成されています。

※とくに断りがない場合、観測結果や防災情報に関する図版は気象庁提供のデータに基づきます。

ウェブサポートページのご案内

本文中のQRコードからカラー画像やそれに付随した関連サイトへアクセスできます。

掲載図表の元データや未掲載の関連データなどを閲覧できます。情報は随時更新いたします。

弊社サポートページ https://pub.maruzen.co.jp/space/ijokisho/list.html にも同様の動画およびそれらの詳しい情報を掲載しています。

第1章

天気図の見方

▼

▼

▼

　時代が進んでも天気予報のベースであり続ける天気図について、必ず知っておきたい基礎知識から四季折々の特徴的な天気図まで、実例をふんだんに使いながら解説します。天気図の"基本のかたち"を把握すると、初めて見る天気図からも天気の移り変わりを見通すことができるようになります。

1-1.　天気図の基本を知ろう

　この節では、一般的な天気予報で使われる「地上天気図」を解読するための 3 つの基本的な要素「気圧」「風」「気団」について解説します。地上天気図には、私たちが暮らす地上付近の天気を把握するためのヒントがたくさん詰まっています。一方で、予報の現場では上空の様子がわかる「高層天気図」も用いられます。高層天気図については専門的な要素が多いため、1-3 で概要のみ解説します。

1-1-1.　「気圧」を知る

　「気圧」とは文字通り、「大気」の「圧力」です。大気は地球を取り巻く空気のことで、地球の重力に引きつけられて地表面を覆うように存在しています。大気には重さがありますから、ある地点においてそこより上にある「大気」の重さがのしかかる「圧力」が「気圧」ということになります。私たちは生まれたときから気圧がかかっている状態で生活しているため普段意識することはありませんが、地球上のいたるところに大気の圧力はかかっています。

　気圧はすべての場所に均一にかかるわけではありません。空気が地上付近から上空へ逃げる（上昇気流がある）ところでは気圧は小さく（低く）、逆に上空から地上付近へ押しつぶすように空気が降りてくる（下降気流がある）ところでは気圧は大きく（高く）なります。この気圧の高低差が、天気の変化を生み出します。

◎どうして低気圧は雨、高気圧は晴れ？

　低気圧のあるところ、つまり気圧が低いところは、前述のように上昇気流がある場所です。上昇気流が生じるのは周辺から風が集まっているためで、地上付近で収束した空気は行き場を失って上空へと向かいます。もし上空へ向かった空気が湿った空気であれば、つまり水蒸気を多く含んでいれば、上昇して冷やされることで雲が発生し、雨や雪を降らせます。

　逆に高気圧のあるところには下降気流（上空から地上に降りてくる風）があり、地上付近の空気は圧縮されていることになります。それにより空気は地上付近から上昇しにくく、雲が発生しにくいことになります。雲が発生しにくい場所は、

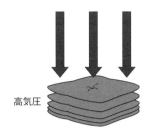

図 1.1　座布団で表す（左）低気圧と（右）高気圧

晴れやすい場所です。

　これを座布団にたとえると、上昇気流で空気が上へ持ち上がっている低気圧エリアでは座布団が少ない、地面を押しつぶす重しが少ない状態（図 1.1 左）になります。一方の高気圧エリアでは、上空から次々と下降気流で座布団が降りてきて地面付近の空気が絶えず押しつぶされている状態（図 1.1 右）です。たくさんの座布団で押しつぶされていては雲が発生することができませんから、座布団が多い（気圧が高い）ほど晴れやすくなります。

● 低気圧と高気圧はどう決まる？ ●

　低気圧と高気圧に関するクイズです。次の①～③のうち、どれが正しいでしょうか？

　　① 1000 hPa 以上が高気圧、1000 hPa 未満が「低気圧」である。

　　②「1 気圧」以上が高気圧、「1 気圧」未満が「低気圧」である。

　　　※ 1 気圧 = 1013.25 hPa（国際的に決められている気圧の標準値）

　　③ 1000 hPa 未満の「高気圧」が存在する。

　正解は③です。ある場所が低気圧なのか高気圧なのかは、あくまで周囲の気圧との相対的な高低の関係で決まり、何 hPa より高ければ高気圧で何 hPa より低ければ低気圧、といった定義はありません。天気図に引かれる等圧線は地図における等高度線のようなもの。いわば、低気圧と高気圧は谷と山の関係です。標高が高いところでも周囲よりくぼんだ場所は谷であるのと同様に、気圧の数字自体が高くても周りと比べて低ければ「低気圧」です。

◎気圧を立体的に考えてみよう

　ここまで地上付近における気圧の話をしてきましたが、より高い場所での気圧についても考えてみましょう。気圧はその地点より上にある大気の重さによる圧力ですから、上空へ行くほど、そこより上にある大気は少なく、つまり気圧は低くなります。再び座布団にたとえて考えると、積み上がった座布団の下の方ほど多くの座布団の重さがかかっていて圧力が高く、上の方ほど座布団による圧力が低くなります。日々の天気予報でときどき「上空5500 m付近の寒気」という表現が使われますが、高度5500 m付近の気圧は平均的に500 hPa程度。地上付近における気圧は平均的に1000 hPa程度ですから、地上の約半分です。ちなみに富士山の山頂付近3776 mの気圧は約640 hPaで、地上の60％ほどになります。

　地上に低気圧と高気圧があるように、上空にも周りより気圧の低いところ（低気圧）と高いところ（高気圧）があります。そういった、上空の様子を表した高層天気図の活用については1-3で解説します。

1-1-2. 「風」を知る

　風は気圧と密接に関係しています。風と気圧の間には、主に次の3つの関係が成り立ち、この3つをルールとして覚えておくと、天気図を見て風の吹き方を解読することができます。

　1. 高気圧の周りの風は時計回り、低気圧の周りの風は反時計回り
　2. 風は気圧の高いところから低いところへ向かう
　3. 等圧線の間隔が狭いほど風は強い

　例えば、天気予報でよく聞く「西高東低」という気圧配置に1つ目と2つ目のルールを当てはめると、図1.2のようになります。

　高気圧の周りに時計回り、低気圧の周りに反時計回りの矢印を描き、高気圧周辺の風（薄い灰色の矢印）は気圧の高い中心から気圧の低い外側に向かって、低気圧周辺の風（濃い灰色の矢印）は気圧の高い外側から気圧の低い中心へ向

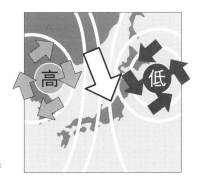

図 1.2 「西高東低」の気圧配置のイメージ

かうよう、少し傾けて描きます（黒の矢印）。すると、間の日本付近に吹く風は北よりの風になります（白の矢印）。西高東低の冬型の気圧配置になっているとき、よく冷たい北風が吹くのはこのためです。また、3つ目のルールから、風は等圧線の間隔が狭いほど（日本付近にかかる等圧線の本数が多いほど）強まるとわかります。

　風の吹き方から読み取れることはたくさんあります。1つは気温の変化です。北から風が吹くところでは気温が下がりやすく、南から風が吹くところでは気温が上がりやすくなります。また、海から吹く風は湿った風ですから、雨雲の材料になります。特に南の海から風が吹いている場合、暖かく湿った空気によって積乱雲が発達しやすくなり、雨の降り方が強まるおそれがあります。もし同時に等圧線の間隔が狭く風が強ければ、暖かく湿った空気が大量に流れ込んで、被害につながるような大雨になる危険もあります。

1-1-3. 季節の主役「気団」を知る

　日本列島の周囲には温かい海も冷たい海もあり、さらに日本海を挟んで北西側には世界最大のユーラシア大陸も存在します。そして、それらの海や陸の上で形成されるさまざまな「気団」が、季節ごとに日本列島の天候を支配し、春夏秋冬を作り出します。「気団」とは文字通り空気の集団で、ある程度の広さのある陸地や海があれば、そこにはその陸地や海の特徴を帯びた空気の集団が生まれます。日本列島周辺には、主に4つの気団が存在します（図1.3）。

図 1.3 日本列島周辺の 4 つの気団

1. シベリア気団

   ユーラシア大陸東部のシベリア～中国東北区（朝鮮半島の北に広がる地域）に冬に現れる気団。冬の大陸で蓄積される非常に冷たく乾いた空気でできている。

2. オホーツク海気団

   梅雨や秋雨の時期にオホーツク海～三陸沖に現れる気団。海面水温の低いオホーツク海の性質を帯びて冷たく湿った空気を持つ。

3. 小笠原気団

   日本の南の海面水温が高い太平洋に現れる気団。暖かく湿った空気を持つ。

4. 長江（揚子江）気団

   春と秋に中国大陸の長江流域で現れる、暖かく乾いた空気を持つ気団。

　このように、陸上にできる気団は乾いた空気、海上にできる気団は湿った空気を持ち、また北側にあるほど冷たい空気、南側にあるほど暖かい空気を持つため、湿度と温度の組み合わせにより4通りの性質の気団が現れます。気団のある場所では、その気団と同じ性質を受け継いだ高気圧が発生し、その高気圧が日本付近へ張り出したり移動したりすることで、日本の気候に影響を及ぼします。

　さらに、気団が生まれる陸地や海の面積が大きいと、その特徴がより色濃く出ます。日本列島は、世界最大の大陸であるユーラシア大陸と、世界最大の海である太平洋の間に位置しています。そのため、冬に影響を及ぼすシベリア気団の冷たく乾いた空気と、夏に影響する小笠原気団の蒸し暑い空気との差が非常に大きくなります。つまり、1年の中で温度と湿度の変化が激しくなるのです。さらに季節の変わり目には異なる性質の空気がぶつかり合い、荒天の頻度が高くなります。

● 本書を読み進めるにあたって（地域に関する用語）●

本書では、気象庁が用いる地域名に即して、各地域を次のように呼びます。
※ QR コードはより詳しい地域名

お天気こぼれ話

《 天気予報の歴史は天気図の歴史 》

　天気図は天気を予報するのに欠かせないツールですが、かつては天気図を描くこと自体が非常にハードルの高い作業でした。天気の変化を予想する上で重要となる低気圧や高気圧の位置は、全国各地の気圧の情報を手に入れた上で、同じ気圧の地点同士を線で結んだ等圧線を描くことが必要です。今でこそ通信回線のつながった全国約150の地点から観測データがリアルタイムで気象庁に届きますが、その嚆矢となったのは明治16年の出来事でした。

　1883（明治16）年、全国22か所の観測地点から気象電報を収集できるようになりました。当時コストがネックとなっていた気象電報を交渉によって1日1回無料で利用できるようになり、それによって各地でそれぞれ同じ時刻に観測した結果を東京へ集めることができるようになったのです。同年2月16日、日本で初めての天気図が作成されました。お雇い外国人エルヴィン・クニッピング（Erwin Knipping）の指導のもと作成された天気図は3月1日から毎日印刷され各役所や新聞社に配布され、この日の天気図が、気象庁に現存する最古の天気図となっています（※1）。天気図が描けるようになったことで、実況把握のレベルは格段に上がりました。同年5月26日には、初めての警報となる暴風警報が発表されています（※2）。

　そして翌1884（明治17）年6月1日、ついに天気予報が始まります。左図は、日本で初めての天気予報が発表された日の天気図です。限られた数の観測地点から得られた情報をもとに引いた等圧線は非常にシンプルですが、九州と朝鮮半島の間には「HIGH」、つまり高気圧があり、関東や東海のすぐ南には「LOW」、つまり低気圧が描かれていることがわかります。本州南岸に低気圧があって今後広い範囲で雨になりそうだということが予想できる天気図です。この日発表された全国の天気予報（右図）は、現代の日本語にすると「全国的に風向が定まりません。天気は変わりやすく、雨が降りやすい」となるでしょうか。現代と比べるとかなりざっくりした予報ですが、それでも「雨が降りそう」という情報は当時としては画期的だったはずです。1日3回発表された予報は駅や派出所に掲示され、24時間先までの天気予報が始まった1888（明治21）年には新聞でも予報が手に入るようになりました。ラジオでは1925（大正14）年の放送開始と同時に天気予報が登場しています。

　このようにして近代的な気象実況把握と天気予報ができるようになった日本でしたが、1941（昭和16）年12月8日を境に、気象情報が公表されない時代を迎えます。

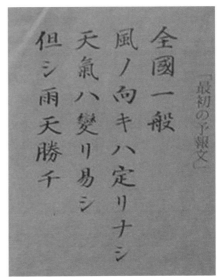

図　（左）1884 年 6 月 1 日の日本で最初の天気図、（右）同日の天気予報

太平洋戦争です。戦況を左右することもある気象情報は、重要な軍事機密でした。気象台が作成した天気図には「極秘」の印が押され、たとえ台風が接近していても国民に情報を伝えることはできませんでした（※ 3）。その間、1942（昭和 17）年 8 月 27 日に長崎県に上陸した台風 16 号は山口県を中心に記録的な高潮をもたらし、1000 人を超える人が亡くなっています。

　戦後 1 週間が経った 1945（昭和 20）年 8 月 22 日、ようやく天気予報が復活しますが、各地の気象台も被害を受けて観測体制は穴だらけ、しかも終戦直後で国内がまだ混乱している状態でした。そのとき襲ったのが、枕崎台風です。室戸台風・伊勢湾台風とともに「昭和の三大台風」に数えられるこの台風は 9 月 17 日に鹿児島県の枕崎市付近に上陸しました。日本列島を縦断しながら甚大な被害をもたらし、死者・行方不明者は約 3800 人にのぼりました。現在、天気図や天気予報が当たり前のように毎日手に入ることは、まさに平和の象徴なのです。

※ QR コードはそれぞれ（※ 1）現在する日本最古の天気図、（※ 2）初警報の日の天気図、（※ 3）「極秘」
　印の押された天気図。

（※ 1）　　　（※ 2）　　　（※ 3）

1-2.　四季とともにめぐる天気図

1-2-1.　春一番は春の便りではない？
〜春の嵐は吹雪の前触れ〜

　冬の終わりになると、たびたび低気圧が急速に発達しながら日本海を進むようになります。春の空気が南から勢力を伸ばし始め、冬の空気とぶつかり合うことが多くなるためです。低気圧の周りの風は反時計回りですから、低気圧が日本海を進んでいる間は広い範囲で南風が吹きます。しかも発達しているということは等圧線の間隔は狭く、強い南風が吹くことになります（図1.4）。

　この強い南風が立春以降初めて吹いたとき、「春一番」となります。具体的には「立春から春分までの間に、日本海で低気圧が発達し、初めて基準を超える風速の南よりの風が吹いて気温が上がったとき」各地方の気象台から発表されます（風速の基準は地方ごとに多少異なり、例えば関東では8 m/sですが四国では10 m/sです）。「南よりの風」というのは南東風から南西風の間の風で、春の訪れを感じさせる暖かい風ではありますが、被害を引き起こすような暴風となることが多く、もともとは漁師の間で注意喚起のために「春一番」または「春一」などと名づけられ、おそれられていた風でした。現代でも、船の事故だけでなく火災の原因になったり、鉄道の運行に影響が出たりするなど、注意が必要な風であることに変わりはありません。

図1.4　春一番が吹くときの気圧配置のイメージ。QRコードは各地方における過去の「春一番」の日

　春先にはこのようなことがたびたび起きるようになるため、いわば「春一番」
は、今後も同様の現象がくり返し起きる季節になりましたよ、という「お知らせ」
です。そして、最初の1回だけを「春一番」と発表し、2回目以降は名づけるこ
とはしません。また、春分を過ぎればまさに「春本番」で春らしい天気になるこ
とは当たり前となり「お知らせ」は不要なため、春分を過ぎた後はたとえ強い
南風が吹いても「春一番」のお知らせはありません。

　春一番がもたらした低気圧が北海道の東へ抜けると、今度は日本付近が北風
のエリアに入ります。加えて、低気圧が急速に発達している状態ですから、強
い北風です。春一番とともに上がった気温が一気に急降下するだけでなく、北
日本や日本海側では大雪や吹雪になることもあります。低気圧が通り過ぎた後
の方が、より荒天となることがあるのです。

　図1.5は実際に低気圧通過後に大雪となった2017年2月の天気図です。2月
20日(左図)には日本海で発達する低気圧に向かって広い範囲で強い南風が吹き、
近畿と東海で「春一番」の発表がありましたが、翌21日（右図）には低気圧の
後ろ側で北風が強まり寒気が南下し、東北などで1日に50cm前後も雪が降っ
たところがありました。

　春一番と聞くと、冬の終わりを告げる喜ばしい知らせという印象を受ける人

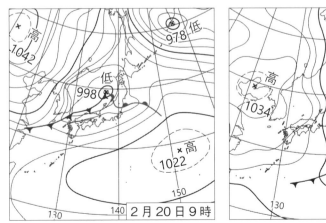

図1.5　（左）2017年2月20日、（右）21日の天気図

が多いかもしれません。実際に多くの場合、一時的にはあたかも春本番のような陽気になります。しかし、春一番自体も危険な暴風となることがありますし、その後に続く北風は冬の嵐と強い寒の戻りを引き起こします。つまり、「春一番」が吹く段階ではまだまだ「春本番」は遠いのです。

　なお北海道と東北では、春先に南風が吹いても、その後の寒気の影響をより強く受けやすく、南風をきっかけに春がやってくるという状況ではないため「春一番」の発表は行われません。また、日本海を低気圧が進む気圧配置では、南西諸島では風が強くなるようなパターンではないため、沖縄・奄美でも発表はされません。

1-2-2.　春に三日の晴れなし〜移動性高気圧〜

　本格的な春、ようやく暖かくなって桜が咲き、せっかく花見を楽しみたいところなのに、なぜか雨の日が多い……。それは、高気圧が「移動」する季節になったからです。

　春になると、冬の間は南下していた偏西風が日本付近まで北上していきます。偏西風は暖かい空気と冷たい空気の間を吹く上空の強い風で、温度の境目に吹くことから「温度風」と呼ばれる風の仲間です。春になると日本付近を覆っていた寒気は北へ退き、南から暖気が追い上げてきて、その間を吹く偏西風はちょうど日本付近を吹くようになります（図1.6）。この偏西風に乗って、大陸から乾いた空気を伴った高気圧が移動していきます。これが「移動性高気圧」で、大陸育ちのカラッとした空気に包まれ、晴れて清々しい陽気になります。

　移動性高気圧の速度はおおむね時速30〜40 km程度、つまり1日に1000 km程度移動する速さです。高気圧の東西の幅は約2000〜3000 kmですから、2〜3日で日本列島を通過することになります。そして、高気圧と高気圧の間、「気圧の谷」と呼ばれる雨が降りやすい場所も2〜3日おきにやってきます。この「気圧の谷」では、低気圧が発生して雨を降らせることが多く、その結果、晴天がなかなか3日以上続かず「春に三日の晴れなし」となるのです。

　なお、低気圧の速度も時速30〜40 km程度、つまり1日1000 km程度移動す

図 1.6　偏西風の通り道のイメージ。矢印は季節ごとの偏西風の位置。冬には本州より南、春には本州付近に北上し、夏は北海道の北へ。そして秋にまた南下する

るので、九州で雨が降り出すと半日後に近畿で雨が降り、さらに半日後には関東で雨が降り出すことになります（図 1.7）。

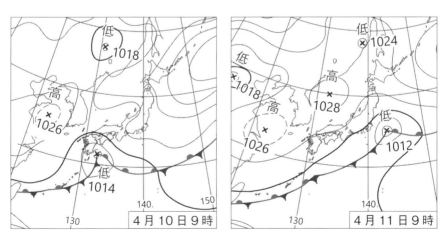

図 1.7　（左）2015 年 4 月 10 日と（右）11 日の天気図。10 日に九州〜四国の南の海上にあった低気圧が 11 日にかけて関東の東の海上まで進み、1 日に約 1000 km（緯度にして約 10 度程度）進んだことがわかる

1-2-3.　春に暑い日も〜南高北低の気圧配置〜

　高気圧と低気圧がテンポよく交互にやってくる春、変わりやすいのは天気だけではありません。高気圧の移動してくるコースによって、気温も大きく変わることがあります。ポイントは、高気圧の周りの風が時計回りであること。このため高気圧の中心が自分のいる地域の北を通る場合は北よりの風が吹いて気温が下がり、逆に自分の南を通る場合は南よりの風が吹いて気温が上がります。

　さらに高気圧が南にあるだけでなく、北に低気圧が位置する「南高北低」の気圧配置になると、極端な気温上昇をもたらすことがあります。低気圧の反時計回りの風と高気圧の時計回りの風に挟まれた場所では、南からの暖かい空気の流れが強まるためです（図1.8）。

図1.8　「南高北低」の気圧配置イメージ

　南高北低の気圧配置は夏にも暑さをもたらす原因になりますが、春にこのパターンが現れた場合、着目すべきは日中の暑さだけではありません。例えば、図1.9は2019年4月5日の天気図で、関東を中心に見ると典型的な南高北低の気圧配置となっており、埼玉県鳩山町では日中の最高気温が25.2℃に達しました。しかし、この日の朝の最低気温は−0.3℃。1つの場所で冬日（最低気温が0℃未満）と夏日（最高気温が25℃以上）を同時に記録したのです。じつは埼玉県のような内陸の地域ではこのようなことは珍しくありませんし、全国的にも、春にはしばしば朝晩と日中の温度差が大きくなり、気温がジェットコースターのように変化します。

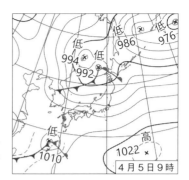

図1.9 2019年4月5日の天気図。本州の南東の海上に高気圧、日本海に低気圧や前線があり、関東から見ると「南高北低」の気圧配置になっていた

お天気こぼれ話

《　天気予報の更新は1日3回　》

　気象庁が発表する天気予報の更新時刻は午前5時、午前11時、午後5時の1日3回です（表）。毎回、天気や風・波、6時間ごとの降水確率、最高・最低気温の予想が発表されます。天気の実況が予報と大きく変わってきた場合は随時修正の発表が行われますが、基本的には1日3回の更新時間を知った上で新しい予報を入手するのが効率的です。

　また予報の対象期間は、午前5時発表は今日と明日、午前11時発表と午後5時発表は今日・明日・明後日で、それに加えて向こう1週間の週間予報も更新されます。ここで気をつけたいのが、午前5時発表だけは明後日以降の予報が更新されず、前日午後5時に発表された内容のままだという点です。例えば金曜日の朝の段階で土日の天気が気になることも多いと思いますが、そのタイミングでは日曜日の予報は前日発表の内容のまま更新されていません。ただし予報のもととなる気象資料は随時新しくなっていますので、日曜日の予報が変わりそうな場合、気象キャスターは新しい気象資料をもとに、コメントでフォローしています。

表　天気予報の発表時刻と対象期間（気象庁の場合）

	短期予報	週間予報
5時予報	今日、明日	（更新なし）
11時予報	今日、明日、明後日	3日後〜7日後
17時予報	今夜、明日、明後日	3日後〜7日後

1-2-4.　雨の季節へ～「梅雨入り」とは～

　雨の季節が近づくと、各地の気象キャスターは必ずといってよいほど「梅雨入りはいつ？」という質問を受けます。それだけ梅雨に対する世間の関心が高い証拠といえますが、じつはその質問にはなかなかはっきりと答えることができません。理由の１つは、「梅雨入り」の定義には天気図に基づいた明確な基準がないからです。例えば、次の図 1.10 はいずれも関東甲信で梅雨入りの発表があった日の天気図です。

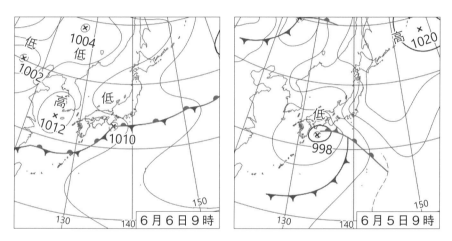

図 1.10　関東甲信で梅雨入り発表があった日の天気図。（左）2018 年 6 月 6 日、（右）2014年 6 月 5 日

　左図を見ると、本州の南側で梅雨前線が東西に伸びています。この日は前日より前線が北上し、その後も停滞することが予想されていたため梅雨入りが発表されました。一般の人にとってもわかりやすい梅雨入りだったといえます。一方、右図では東西に伸びる前線はありません。ただ四国沖に動きの遅い低気圧があり、梅雨前線ではなく低気圧の影響で、この先曇りや雨の日が続きそうだという見解で、梅雨入りの発表がありました。

　それでは、梅雨入りの定義とは何でしょうか。気象庁では梅雨を「晩春から

夏にかけて曇りや雨が多く現れる現象」とし、週間予報をもとに今後曇りや雨が続きそうだと判断したとき「梅雨入り」を発表するとしています。つまり、曇りや雨の原因が梅雨前線でなくても梅雨入りが発表されることがあるのです。これが、気象キャスターにとって梅雨入りのタイミングを予測しづらい理由の1つです。

　さらに、そもそもある日を境に急に雨の日が続くことは稀で、多くの年はじわじわと雨の季節に入っていきます。つまり、梅雨自体が曖昧に始まる現象なのです。気象庁でも、梅雨入りには平均的に5日間程度の「移り変わり」の期間があるとし、梅雨入りの日は、その5日間のおおむね中日を示していて、発表時の日付も「〇日頃」と表現します（梅雨明けについても同じように扱います）。このように、もともと曖昧な現象を明確な基準なく発表していることが、「梅雨入りはいつ？」という質問の答えを難しくしているのです。

　それでは、ここまでわかりづらい情報をわざわざ発表するのはなぜでしょうか。それは、梅雨の時期に降る雨が社会に与える影響が大きいからです。梅雨には大雨による災害が発生しやすいだけでなく、曇りや雨の日が多くなることによって農業や小売・流通業にも影響が出ます。さらに、もし梅雨入りが大幅に遅れたり、梅雨明けが大幅に早ければ、水不足になるおそれもあり生活に大きな影響が出ます。梅雨入り・梅雨明けは社会的ニーズの高い情報なのです。

　なお、通常のニュースや天気予報で見る梅雨入り・梅雨明けの発表はあくまで「速報」で、気象庁では後日、改めて検討作業をしてから「確定値」を発表しています。速報段階では「この先こうなるであろう」という予報的な要素を含んで発表していて、梅雨が終わってから振り返ると実際には別のタイミングから曇雨天が続き始めていたとわかる場合もあります。そのため、毎年9月初めに発表される確定値では速報段階での情報から修正されることがあります。また確定値についても、日付は「〇月〇日頃」と「頃」をつけた形で表現することにしています。

　図1.11は、関東甲信の梅雨入りが確定値で修正された2013年の例です。左図の5月29日には、天気図に梅雨前線は見当たらないものの、この先曇りや雨が続きそうだとして、関東甲信で梅雨入りの発表がありました。しかし実際に

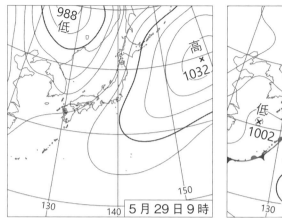
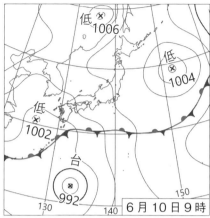

図1.11　"関東甲信が梅雨入り"の天気図（2013年）。（左）速報値で梅雨入りした日、（右）確定値で梅雨入りした日。QRコードは、各地の梅雨入り・梅雨明けデータ

は5月29日以降の曇雨天はさほど長続きせず、後日検討の結果、台風の北上とともに梅雨前線が本州に近づいてきた6月10日頃が梅雨入りだったと修正されました。

1-2-5.　千変万化な雨の季節〜梅雨前線とともに〜

　各地方における梅雨の長さは、平均するとそれぞれ約40日。憂鬱な雨の日がずっと続く印象があるかもしれませんが、実際にはその間にさまざまな表情を見せます。梅雨は大きく4つのステージに分けることができます。

◎【第1ステージ】5月：沖縄・奄美で梅雨入り

　全国で最も早く梅雨入りを迎える、沖縄と奄美。平年の梅雨入りは沖縄で5月9日頃、奄美で5月11日頃ですから、大型連休が終わった頃に梅雨を迎えることになります（図1.12）。一方、本州付近では5月はまだまだ風薫る季節。清々しい晴天の日が多い時期ですが、一時的に梅雨前線が本州付近まで北上し、本州付近でも「はしり梅雨」と呼ばれるぐずついた天気になることがあります。

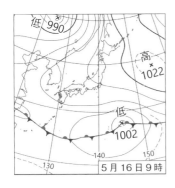

図1.12　東西に伸びる前線が沖縄付近に停滞し、沖縄で梅雨入り（2019年5月16日）

◎【第2ステージ】6月：入梅

　6月に入ると梅雨前線が本州の南に停滞する日が多くなり、沖縄や奄美以外の地方でも続々と梅雨入りします（図1.13）。梅雨の発表がない北海道を除いて、東北から沖縄のすべての地方が同時に梅雨に入っている状態になるのがこの時期です。また、暦の上でも6月11日頃、「入梅」を迎えます。

　梅雨が始まったばかりの本州付近では雨が続かず晴れ間も出ますが、沖縄や奄美では早くも梅雨末期です。次第に激しい雨の日が多くなった後、6月下旬には梅雨明けとなります。沖縄の梅雨明けの平年日である6月23日は沖縄戦終結の日でもあり、この「慰霊の日」の式典は青空と強い日差しの中で行われる年が多くなっています。

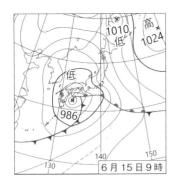

図1.13　本州の南に停滞していた梅雨前線が北上し、東北北部で梅雨入り（2019年6月15日）

◎【第3ステージ】7月前半：梅雨の最盛期

　7月に入ると梅雨前線の南にある太平洋高気圧が勢力を強め、梅雨前線は本州のすぐ近くに停滞するようになります。注目するのは北緯30度線で、梅雨前線がこの線よりも北に停滞するようになると、西日本や東日本では梅雨の最盛期となります。暖かく湿った空気が流れ込みやすくなり、被害につながるような豪雨の頻度が高くなります（図1.14）。気象庁では顕著な災害を引き起こした自然現象に「平成（令和）○年○○豪雨」などと名前をつけることにしていますが、命名された豪雨が最も多いのは7月です。

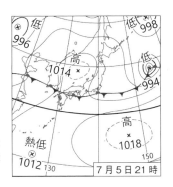

図1.14　梅雨前線が北緯30度より北に停滞。九州北部を中心に記録的な大雨となり、島根・福岡・大分の3県に大雨特別警報が発表された（2017年7月5日）

◎【第4ステージ】7月後半：梅雨末期

　7月後半になると、梅雨前線はさらに北上して日本海に停滞するようになります。北陸や東北などでも大雨のおそれが高まる季節です。梅雨全体の降水量がほかの地域と比べて少ない北陸や東北でも、この時期は数年に一度以上の頻度で大きな川の氾濫が起きています（図1.15）。一方で関東から九州にかけては、雨の日が徐々に少なくなり夏空の日が出てくるようになりますが、前線が少しでも南下すれば大雨のおそれも。夏の暑さと梅雨末期の豪雨が隣り合わせの季節です。また、この時期は日本の南海上を台風が進むようになる時期でもあります。まだ本州に上陸することは少ない時期ですが、台風は遠くにあっても前線の活動を活発化し、大雨の原因になることがあります（1-2-10参照）。

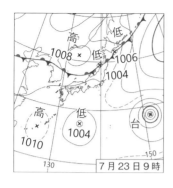

図1.15 梅雨前線が北陸～東北に停滞。秋田県では日降水量が200 mmを超える大雨となったところもあり、川の氾濫が相次いだ（2017年7月23日）

1-2-6. 夏の主役は亜熱帯育ち～太平洋高気圧～

　日本の夏に厳しい暑さをもたらす太平洋高気圧。文字通り太平洋で育つ高気圧で、亜熱帯の蒸し暑い空気を帯びています。通常の天気予報では小笠原諸島から南鳥島付近に中心を持つ高気圧を指すことが多いですが、実際にはそれは太平洋高気圧の一部でしかありません。アジア全体が入った専門的な天気図で見ると、遠くハワイ付近まで広がる巨大な高気圧であることがわかります（図1.16）。日本列島から見ると南から高気圧に覆われる構図となり、気温も湿度も高い亜熱帯の空気が南から断続的に流れ込むことになるため、まさに真夏らしい暑さが続くようになります。

　さらにこの太平洋高気圧が、西日本から朝鮮半島付近で、より北に盛り上がるように張り出すことがあります。「クジラの尾型」と呼ばれるパターンで（図1.17）、太平洋高気圧の上空にチベット高気圧と呼ばれる別の高気圧が西から張り出しているときに現れます。いわば高気圧の2段重ね状態。このような気圧配置になると、西日本を中心に猛暑が続きます。

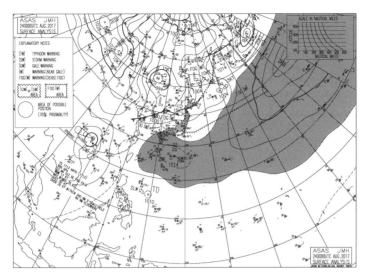

図 1.16　専門的な天気図（アジア太平洋地上天気図）でわかる"太平洋高気圧"。灰色で示した高気圧エリアが、日付変更線を越えてハワイ付近まで広がっている（2017 年 8 月 24 日）

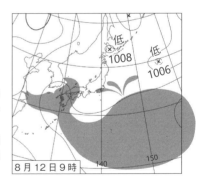

図 1.17　「クジラの尾型」パターンの例（2013 年 8 月 12 日）。2 段重ねの高気圧で猛暑になりやすい状況だった上に、晴れて強い日差しが降り注ぎ、山越えの暑い風（フェーン現象）も重なって記録的猛暑となった。江川崎（高知県四万十市）で最高気温 41.0 ℃（当時の日本最高気温）を観測

● 玄人さん向け Tips：チベット高気圧 ●

　チベット高気圧とは春から夏にかけて、チベット高原を中心にアフリカからアジアにかけての対流圏上層（上空 10000 m 以上）に現れる高気圧のこと。この高気圧が東へ勢力を強めて日本列島まで及ぶと、日本付近では太平洋高気圧と重なって背の高い高気圧となり、猛暑が続きます。高層天気図（1-3）の中でも、特に上空高いところ（100 〜 200 hPa）の様子を表す天気図を確認することにより、チベット高気圧の勢力は把握できます。

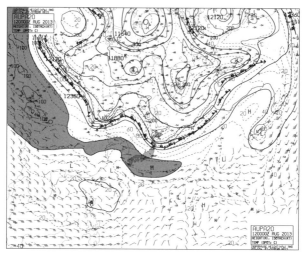

図　対流圏上層の専門的な天気図（200 hPa 面）でわかる "チベット高気圧"（2013 年 8 月 12 日）

1-2-7.　夏なのに寒い！〜犯人は「やませ」〜

　前述のように通常、夏の主役は太平洋高気圧ですが、別の高気圧が存在感を強めることがあります。オホーツク海高気圧です。この高気圧が勢力を増すと、東海・関東や東北の太平洋側を中心に寒くなります。夏なのに、寒い。その理由は、風が吹いてくる方向にあります。

　高気圧の周りは時計回りの風が吹き、中心より外側の気圧が低いため、高気圧中心から外側に向かって吹き出すように風が吹きます（図 1.18）。すると東北太平洋側や関東・東海には、高気圧中心のあるオホーツク海付近から北東の風が吹き込むことになるのです。オホーツク海は夏でも冷たい海。そこから吹き

図 1.18　オホーツク海高気圧が本州付近に張り出す気圧配置のイメージ

込んでくる風はもちろん冷たい風で、しかも海からの風ですから湿っています。「やませ」と呼ばれるこの冷たく湿った風によって、曇りや雨のじめじめした天気となり、平年を下回る気温になるしくみです。

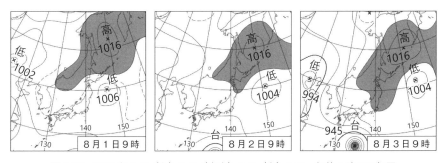

図 1.19　2017 年 8 月（左）1 日（中央）2 日（右）3 日　午前 9 時の天気図

　「やませ」の影響は 1 日や数日で終わることもあれば、何週間も続くこともあります。例えば 2017 年 8 月（図 1.19）は 1 日の時点でオホーツク海に高気圧（灰色で示した部分）がありますが、2 日、そして 3 日と、高気圧の張り出しが強まり、関東や東海付近まで勢力を伸ばしてきていることがわかります。この年はこの後も、強弱の変化はあったもののオホーツク海高気圧が居座り続け、東京都心では 8 月 1 日から 21 日間、連続して降雨を観測しました。8 月として観測史上 2 番目に長い記録です。じめじめひんやりした日が続き、日照不足と低温により野菜など農作物の生育にも影響が出ました。

1-2-8. 雷三日
〜天気図でみえない「不安定」〜

夏空の情景に欠かせないのが、青い空をバックにモクモクと発達する積乱雲。青と白のコントラストが絵画のように美しい光景ですが、積乱雲はときに雷や突風、ひょうなどの激しい気象現象をもたらします。しかも晴れていたと思ったら、あっという間に真っ黒な雲が広がり、激しい雷雨に見舞われる……そんなことも珍しくありません。というのも、一つひとつの積乱雲の寿命は、せいぜい30分から1時間程度。つまりたった30分や1時間の間に発生し、成長して雷雨などをもたらして消える。さまざまな気象現象の中でもかなり寿命の短い現象なのです。

しかも積乱雲の大きさは、東西方向にも南北方向にも数km〜十数km程度。東西数千kmのスケールを持つ高気圧や低気圧が主役の天気図では、積乱雲一つひとつの原因は表現できません（図1.20）。このため、天気を崩す要因になりそうなものが天気図に描かれていなくても、突然激しい雷雨が発生するようなことがあり、予報が難しい現象なのです。

低気圧や前線などがなくても雨が降るのは、「大気の状態が不安定」になるためです。天気予報などでよく聞くフレーズですが、「不安定」とは一体どのような状態なのでしょうか。

空気は暖かいと軽く、冷たいと重いという性質があります。例えば、エアコ

図1.20　本州付近に低気圧はないが、上空に寒気が入り九州から関東の各地で激しい雷雨になった（2016年8月4日）

ンで暖房をつけても足元がなかなか暖まらない、という経験をした人は多いと思います。これは暖気が軽く、部屋の上の方に溜まりやすいからです。つまり、暖かく軽い空気が上にあり、冷たく重い空気が下にある状態が「安定」した状態です。

　逆に、暖かい空気が下にあり、冷たい空気が上にある状態は「不安定」ということになります。たとえていうと、ダルマの軽い頭が下で重たい胴体が上に来てしまっているような状態、つまりすぐにでもひっくり返ってしまいそうな状態です（図 1.21）。この "逆さのダルマ状態" が発生する典型的なパターンが、強い日差しで地面付近の空気が熱せられるケースです。熱せられ暖かくなった空気は軽くなり、上へ上へと向かおうとします。このように上昇気流が強くなることで雲が発生し、積乱雲へと発達することがあります。これが「大気の状態が不安定」です。もし上空に寒気が入っていれば、上下の温度差が大きくなり、さらに「不安定」になりやすくなります。

上空 冷たい空気（＝重い）

地上付近 暖かい空気（＝軽い）

図 1.21　「大気の状態が不安定」とは、ダルマが逆さになっているような状態

　不安定が生じる主な要因は上空と地上付近の温度差ですから、気温の予想などから「不安定になりやすい」状況かどうかはあらかじめ把握することができます。ただ、一つひとつの積乱雲という小さくて寿命も短い現象がいつどこで発生するかを予測するのは非常に難しいため、ピンポイントでの雨の予想が難しいのが現状です。

●───── ここで注目！：積乱雲が引き起こす現象たち ─────●

　前項で、積乱雲が発達すると急な雨のほかに竜巻、ひょう、落雷といった激しい現象も伴うことがあると説明しました。ここでは、そういった現象について具体的に見ていきましょう。

◎竜巻

　竜巻とは、狭い範囲で発生する激しい渦巻です。発達した積乱雲の上昇気流があるところに何らかの理由で回転が加わると、竜巻の発生につながります。積乱雲から細い雲が垂れ下がるように伸びて（ろうと雲）、これが地面についたものが竜巻で、ろうと雲だけ発生して竜巻にまで発達しない場合もあります。なお竜巻と似た現象に、積乱雲から吹き降ろす下降気流が地表に激しく衝突する「ダウンバースト」と、積乱雲の下で形成された冷たい空気の塊がその重みによって流れ出す「ガストフロント」があり、天気予報ではまとめて「竜巻などの突風」と表現することがあります。

　竜巻の原因となる積乱雲の発達は、前線の接近や、上空に寒気が入ることで大気の状態が不安定になることによるものが全体の約6割を占めています。その次に多いのが台風です。前者は夏を中心とした時期に多く、後者については台風が8月から9月に接近・上陸のピークを迎えるため、竜巻の月別発生確認数を見ると9月に最も多くなっています（図）。

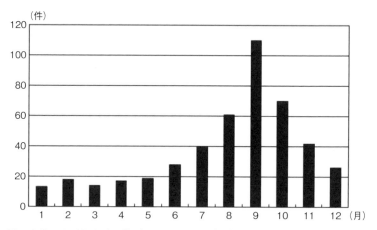

　図　竜巻の月別発生確認数（1991 ～ 2017年）（竜巻は人が見て確認しないと発生したかどうかわからないため「発生数」ではなく「発生確認数」で集計している）

◎ひょう

　雲を構成する小さな水や氷の粒は、雲内部の気流によって互いにぶつかり合いながら次

第に大きくなり、浮いていられないほど重くなると落下し始めます。これが地上では雨や雪となって降ることになりますが、大気の状態が不安定なとき、雲内部の気流が非常に激しくなって、氷の粒同士が何度も衝突・合体をくり返しどんどん大きくなることがあります。こういった大きな氷の粒が降ってくるのが、ひょうやあられです。ひょうは直径5mm 以上の氷の粒、あられは 5mm 未満のものを指します。

　ひょうが形成されるほど激しい気流は暖かい時期に発生するため、ひょうが降るのは春から夏にかけてです。一方で、あられは暖候期だけでなく、冬でも降ります。専門的には「氷あられ」と「雪あられ」に分類され、半透明で固い「氷あられ」は春や夏を中心に降ることが多く、白くてややもろい「雪あられ」は冬によく現れます。冬に日本海側に雪を降らせる積乱雲の内部では、夏の積乱雲ほどではないものの気流が乱れていて、頻繁に雪あられが形成されます。

◎雷

　雷の正体は静電気です。雲の中ではひょうやあられが形成されるほど激しく氷の粒が衝突をくり返していて、この衝突によって静電気が発生します。一度の衝突で生じる静電気はわずかですが、膨大な量の氷の粒が何度も衝突することで雲の中に電気が蓄えられていき、蓄えきれなくなったところで放電が発生します。このとき、雲の内部で放電することもあれば（雲放電）、雲の下端から地面へ放電されることもあり（対地放電）、後者が「落雷」です。

　夏に落雷が多くなるのが関東の内陸部を中心とした、太平洋側の内陸地域です。内陸では地面付近の気温が上がりやすく、上空との気温差が大きくなって大気の状態が不安定になりやすい上に、太平洋側では夏に南から湿った空気が入りやすく、雲の材料が供給されるためです。一方で、冬は太平洋側も日本海側も海上では落雷が多く検知されますが、陸地あるいは陸地に近い海域での検知は日本海側で多くなっています。これは冬型の気圧配置のときに日本海で雲が発達しやすいためです。

　なお、夏は一般に夕立のイメージがある通り、1 日の中で落雷が最も多くなるのは夕方の時間帯ですが、冬の雷は時を選びません。また 1 日あたりの落雷の回数は夏の方が多いものの、日本海側の冬の雷は 1 回あたりの電気量が大きく、ひとたび落雷が発生すると被害が大きくなりやすい特徴があるといわれています。

※ QR コードは、夏と冬の落雷検知数の分布

夏　　　　　　冬

お天気こぼれ話

《 天気予報の時間割 》

　天気予報で「夕方から雷雨のおそれがあります」ということがあります。「夕方」とは具体的に何時なのか？　人によって、そしておそらく季節によっても感覚が異なると思いますが、気象庁が出す情報における「夕方」は午後3時から午後6時までを意味しています。気象庁では24時間を3時間ごとに区切って「朝」や「昼前」などと定義しています。この"時間割"を知っていると、天気予報をより活用することができそうです。

図　気象庁における時間細分図（このうち昼前〜夕方を「日中」と表現する）

1-2-9.　台風を知る

◎台風の基礎知識

▶▶ 台風とは
熱帯低気圧のうち、中心付近の最大風速が 17.2 m/s 以上に発達したもの（熱帯低気圧は、主に熱帯の海で発生する、暖かい空気でできた低気圧）。

▶▶ 台風の強さとは
中心付近の風速の大きさのこと。
中心付近の最大風速が
・33 m/s 以上が「強い」
・44 m/s 以上が「非常に強い」
・54 m/s 以上が「猛烈な」

▶▶ 台風の大きさとは
風速 15 m/s 以上の強風域の広さのこと。
強風域の半径が
・500 km 以上が「大型」
・800 km 以上が「超大型」

▶▶ 台風を動かすもの
台風は自ら移動することはなく、周りの風によって流される。
主に高気圧周辺の時計回りの風（縁辺流）や偏西風、そして寒冷渦（1-3）の周りの反時計回りの風など。別の台風が接近する場合は、影響を受けて進路を変えることもある（藤原の効果）。

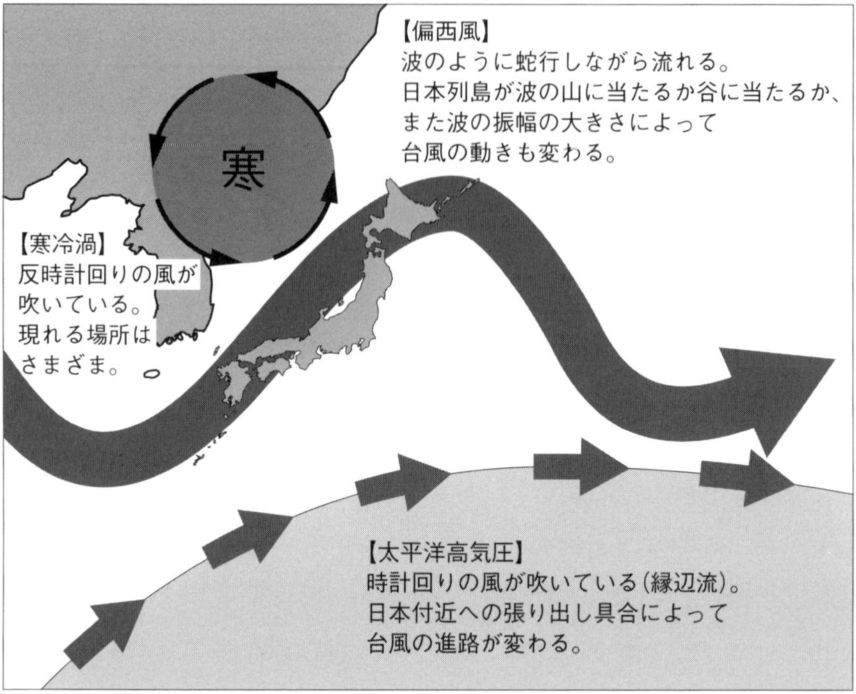

図1.22　台風の進路に関わる主な要素（イメージ）。こういった風が存在しない場所では、地球の自転の影響（専門的には「コリオリの力」と呼ぶ）によってゆっくり北へ進む。また、高気圧の縁辺流から偏西風に乗り替わることで進路が北または東へ変わることを「転向」という

●──── 玄人さん向け Tips：台風の基準なぜ 17.2 m/s ？ ────●

　台風の基準は本来、風力8（34 kt^{ノット}）と決められているため、メートル毎秒で表すと中途半端な数字になります。もともとこの風速は船の航行が危険になる目安として知られていたため、台風の基準として用いられるようになりました。一方で現在は、科学的にも意味がある数字であることがわかっています。この風速を超えた熱帯低気圧は、基本的にはもう後戻りができません。稀に3時間とか6時間だけ「台風」として存在しているだけですぐに衰退してしまう熱帯低気圧も中にはありますが、ほとんどの場合、一度閾値^{しきいち}をまたいだものはどんどん発達に向かう運命にあることがデータからわかっています。

本節を読み進めるにあたって：台風の予報

　私たちが見る最も身近な台風情報である台風の「予報円」は、台風の中心が70％の確率で進むと予想される円のことです（台風は必ずしも予報円の中心を通るとは限りません）。予報円が小さいほど予報の確実性が高く、大きいほど予報が定まっていないことを表しています。台風の実況位置の周りの円は強風域と暴風域で、暴風域については（今後も暴風域があると予想される場合には）暴風域に入る可能性のある領域を示した暴風警戒域も示されます。

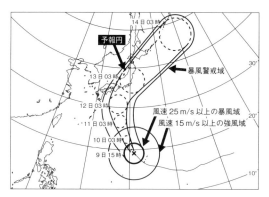

図 1.23　台風の予報円の例。2019年台風19号（令和元年東日本台風）の10月9日午前3時時点の予報円をもとに作成

　気象庁から発表される台風情報では、5日先までの予報円による進路の予報とともに、5日先までの強さの予報も発表されます。また、こういった情報はこれまで台風についてのみ発表されてきましたが、2020年9月からは、台風に発達すると予想される熱帯低気圧についても5日先までの進路と強さの予報が提供されるようになりました。

◎タイプ別に見る台風の特徴

1. 暴風とともに駆け抜ける

▶▶ 俊足タイプ

台風を動かす風が強いと、台風の移動スピードが速くなります。日本付近では春・秋を中心に偏西風という上空の強い西風が吹くことが多いため、この俊足タイプはよく秋に現れます。

　台風の移動が速いとき、暴風や大雨の期間は短くなりますが、強い風が吹きやすくなります。特に台風の進行方向右側で暴風に警戒が必要です。台風は日本付近では東進するか北上することが多いため、南側（東進時に右側）や東側（北上時に右側）で警戒が必要になります。下記で紹介する Case 1（1991 年台風 19号）のほかに、2018 年台風 21 号（2-15）もこのタイプです。

● Case 1. 1991 年 9 月：台風 19 号（りんご台風）●

　台風 19 号は 9 月 27 日に長崎県に上陸した後、偏西風に乗ったことで移動速度を上げていき、わずか半日ほどで日本海を抜けて北海道に再上陸した。右図の台風経路図を見ると、25 日以降、1 日で移動した距離が日ごとに長くなっていき急激に加速していることがわかる。日本列島は台風の進行方向右側に入り続け、最大瞬間風速は長崎市で 54.3 m/s、松江市で 56.5 m/s、青森市で 53.9 m/s など、現在にいたるまで観測史上 1 位であり続ける記録を残す。台風の暴風などにより多額の農業被害が発生し、特に青森県におけるりんごの落果被害が大きかったことから一般に「りんご台風」と呼ばれる。[**図 1.24**　1991 年台風 19 号の経路図（破線：温帯低気圧だった期間）]

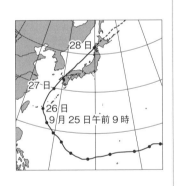

2. 長期間影響を与え続ける

▶▶ のろのろタイプ

台風が強い風に乗らずにゆっくり動くと、雨・風・波ともに影響が長引きます。影響期間が長くなると、特に危険が増すのが、大雨です。総降水量が多くなる

ことで、より大きな川の氾濫が起きやすくなるほか、地中深くの地盤ごと崩れる「深層崩壊」と呼ばれるタイプの土砂災害が起きるおそれが出てきます。特に台風の反時計回りの風がぶつかる方角に開けている斜面で警戒が必要です。

● Case 2. 2011年9月：台風12号（紀伊半島大水害）●

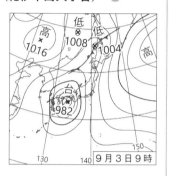

台風が時速10～15 kmという自転車並みの速度で西日本にじりじり近づき、暖かく湿った空気の流れ込みが続いた紀伊半島では総降水量が2000 mmを超えた。深層崩壊や、崩れ落ちた土砂が川に流入することで流れをせき止める「土砂ダム」が各地で発生し、甚大な被害につながった（詳しくは2-14参照）。

（**図1.25**　2011年9月3日の天気図）

3. 大きくてパワフル

▶▶ 重量級タイプ

大型や超大型で強風域が広く、かつ中心付近の風速も大きいタイプです。大きくて強い分、影響を及ぼす範囲は広く、影響の度合いも大きくなります。雨・風・波すべての被害が広範囲で甚大になるおそれがあります。

● Case 3. 2019年10月：台風19号（令和元年東日本台風）●

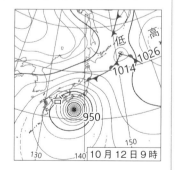

台風19号は日本の南の海上で急速に発達した後、10月12日に大型で強い勢力で静岡県の伊豆半島に上陸した。暴風・大雨ともに記録的となり、東京都の羽田空港では最大風速34.8 m/sと観測史上1位に。神奈川県の箱根町では日降水量が922.5 mmと全国の史上1位を更新した。降水量が記録的になった範囲は広く、関東甲信と東北、それに静岡県・新潟県の多くの地点では、3時間・6時間・12時間・24時間すべての区分で観測史上1位を更新。12日

午後から 13 日朝にかけて、静岡・神奈川・東京・埼玉・群馬・山梨・長野・茨城・栃木・新潟・福島・宮城・岩手の 13 都県に大雨特別警報が発表され、土砂災害や川の氾濫、竜巻の発生などにより全国で 100 人以上が命を落とした（**図 1.26**　2019 年 10 月 12 日午前 9 時の天気図）。

4.　小粒でもぴりりと辛い

▶▶ ぎゅっと凝縮タイプ

　強風域の範囲が狭いタイプです。衛星画像で見ても雲の範囲が小さい上に、一度に影響を及ぼす範囲が狭いので油断しがちです。しかし、台風中心を取り巻く狭い範囲だけで雨や風が強くなるため、天候の変化に気づいた瞬間にはすでに台風の中心がかなり近いところまで来ているということになり、逃げ遅れてしまうリスクが高まります。

Case 4.　2019 年 9 月：台風 15 号（令和元年房総半島台風）

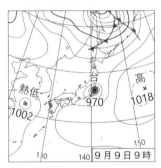

　台風 15 号は 9 月 9 日の明け方に強い勢力で千葉県に上陸した。上陸時、強風域の半径は約 200 km、暴風域の半径は約 90 km とかなり狭く、天気図でも等圧線が中心付近に集中していることがわかる。関東は 8 日朝の段階では等圧線の間隔が広い部分、つまり風の穏やかなエリアに入っていたのが、8 日夜になって突然、大雨と暴風に見舞われた。翌朝にかけて千葉県内では最大瞬間風速が千葉市で 57.5 m/s と観測史上最大、また木更津市で 49 m/s、成田市で 45.8 m/s なども記録を更新した。多くの電柱が倒壊した千葉県内では約 64 万軒が停電し、一部の地域では断水とともに長期化して、暑さの残る中で住民を苦しめた。損壊家屋は 7 万軒を超え被害確認に半年以上を要した（**図 1.27**　2019 年 9 月 9 日の天気図）。

台風こぼれ話

《 危険半円・可航半円 》

　台風は低気圧と同じで反時計回りの風が吹いていますので、台風中心から見て進行方向右側では、台風が移動する方向と風の向きが一致して風が加速しやすくなります。このため台風の進行方向右側にあたる半円を「危険半円」と呼ぶことがあります。逆に進行方向左側では台風の移動方向と風速が相殺して減速しやすく、また台風の中心から離れやすい風向きでもあることから、（危険半円と比べて相対的に）航海が可能であるということで「可航半円」と呼ばれます。ただし、これはあくまで相対的な特徴であり、左側であっても台風中心に近い場所ではもちろん危険な風や波が発生しますし、台風の中には右側よりも左側で風が強くなるタイプもあります。決して安全ではありません。

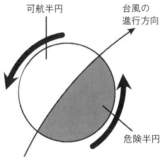

図　危険半円・可航半円のイメージ

《 かつて「小型の」台風があった 》

　現在、台風の大きさについて気象庁では、強風域の半径が 500 km 以上なら「大型」、800 km 以上なら「超大型」と表現し、500 km 未満なら何も説明をつけません。かつては、「中型」「小型」「ごく小さい」といった表現が存在しましたが、「ごく小さい」台風でも大きな被害をもたらすことがあり、防災上不適切な表現であることから 2000 年に廃止されました。

　現在の天気予報では、強風域の小さい台風を「豆台風」や「コンパクトな台風」ということがあります。正確な予報用語ではないものの、それぞれの気象キャスターの裁量で、わかりやすく伝えようと使っている言葉です。ただ「豆」や「コンパクト」に怖いイメージを持つ日本人はあまりいませんし、気象庁では「使用を控える用語」に指定しています。

◎台風とともに現れる現象

▶▶ 高波・高潮

　台風の影響は「波に始まり波に終わる」といわれます。海では台風接近の何日も前から、波が「うねり」を伴います。「うねり」とは遠くの波が伝わってきたもので、丸みを帯びてゆったりと動くように見えますが、海岸付近など水深の浅いところへ近づくと急激に波が高くなるおそれがあり（「浅水変形」といいます）注意が必要です。うねりは台風が去った後も数日にわたって続くことがあります。

　台風が接近するにつれて、遠くからのうねりだけでなく、その場の波も高くなり（高波）、さらに潮位（海面の高さ）も高くなります。台風は低気圧の仲間で、中心付近では周りより気圧が低い、つまり上から押さえつける力が弱いため、海面は上がります。これを台風の「吸い上げ効果」と呼び、外海では1hPa下がるごとに海面はおおむね1cm上がります。また、台風の強い風で海水が岸に吹き寄せられる「吹き寄せ効果」も加わると、通常より著しく潮位が上がることがあります。これが「高潮」です。

▶▶ 大気の状態が不安定に

　台風周辺の暖かく湿った空気は、台風から離れたところまで流れ込むことがあり、流れ込んだ先では大気の状態が不安定になって局地的に激しい雨が降ったり、落雷や竜巻が発生したりすることがあります。竜巻の月別確認数が9月に最も多くなっている（1-2-8）のは、台風の接近が多い月であることも影響しています。また、暖かく湿った空気が本州付近に停滞する梅雨前線や秋雨前線へ流れ込むと大雨を引き起こすことがあります（1-2-5および1-2-10）。

▶▶ 離れたところに伸びる雨雲：アウターバンド

　台風の中心付近では発達した雨雲が台風の眼を壁のように取り巻いていますが、その雲の外側およそ200～600kmのところにも、同じくらい活発な雨雲が形成されることがあります。専門的には「アウターバンド」または「外側降雨帯」と呼ばれる帯状の雨雲で、図1.28のように幅の狭い帯状の雨雲が隙間を空けて存在することが多く、荒天になる場所と青空の広がる場所が隣り合っているこ

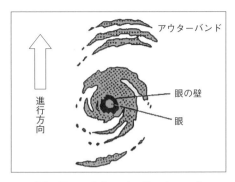

図 1.28　アウターバンドのイメージ

ともよくあります。また台風の進路予報が少しずれるだけでアウターバンドの位置が大きく変わることがあり、どこで大雨になるか予測を難しくする現象の1つです。なお、アウターバンドは台風の進行方向前面に形成されることが多いですが、後方にできることもあり、台風が過ぎ去った後にアウターバンドによって再び大雨になることもあります。

🔵 玄人さん向け Tips：台風を育てる海 🔵

　台風は温かい海で育ちます。台風が発生・発達したり勢力を維持したりできる海面水温は、おおむね26.5 ℃以上です。熱帯の海はほぼ1年中この水温以上であるため、台風は1年を通して発生します（厳密には台風の発生にはコリオリの力といって地球の自転の効果が必要で、コリオリの力は赤道上では働かないため、おおむね緯度10度以上の海域で発生します）。

　一方で、日本付近の海面水温は夏から秋にかけては26.5 ℃を上回るものの、冬から春にかけてはそれより冷たいため、たとえ熱帯で台風が発生しても日本に近づくことはほとんどありません。

　ここまで海の温度が重要になるのは、台風が海からエネルギーを得ているためです。台風のエネルギー源は、雲の中で水蒸気が凝結するときに放出される熱で、専門的には「潜熱」と呼びます。雲に水蒸気が多く供給されればされるほどエネルギー源は増えるため、海面水温が高く水蒸気が蒸発しやすい海は、台風が育ちやすい海です。このことから、専門家の間で「魔の海域」と呼ばれているエリアがあります。フィリピンの東方に広がる海面水温の高い海域で、発生直後にこの海域を通った台風は急速に発達するケースが多く、1959年の伊勢湾台風もこの海域を通った台風の1つです。

◎台風の第二の人生：温帯低気圧として再発達

　前途のように、台風は熱帯低気圧が発達したもので、熱帯低気圧とは暖かい空気でできた低気圧です。台風は発達のピークを過ぎて中心付近の風速が落ちてくると、台風の基準である 17.2 m/s を下回って低気圧になります。暖かい空気だけの状態で低気圧になれば熱帯低気圧、北からの冷たい空気と混ざった状態で低気圧になれば温帯低気圧です（なお、本書で注釈なく「低気圧」という場合は、温帯低気圧を指しています）。通常、日本付近の緯度は北から寒気が入りやすいため、日本付近で低気圧に変わるときは温帯低気圧になることが多くなります。そして、いったん混ざり合った寒気と暖気と再び分けることはできませんから、ひとたび温帯低気圧になった後は再び台風になることはありません。

　しかし、温帯低気圧として再発達することがあります。温帯低気圧のエネルギー源は寒気と暖気が混ざり合う過程で開放されるエネルギーで、寒気と暖気の温度差が大きいほど発達しやすくなります。台風から変わった温帯低気圧はもともと熱帯から運んできたかなり暖かい空気を持っているため、寒気との温度差が大きくなりやすい、つまり発達するポテンシャルが高いと考える必要があります。

　温帯低気圧として発達することで雨も風もさらに強まるおそれがありますが、特に覚えておきたい特徴が、強い風の吹く範囲が広くなることです。台風を含む熱帯低気圧は、多少の例外はあるものの基本的には中心付近で最も強い風が吹き、中心から離れるほど風が弱くなる傾向があります。一方で温帯低気圧の場合は、中心付近と同程度の風が中心から離れたところまで広い範囲にわたって吹くことが多く、中心が接近しない地域でも暴風が吹き荒れることが多くなります。

● **Case 5．2004 年 9 月：台風 18 号** ●

　台風 18 号は 9 月 7 日午前に長崎県に上陸した後、温帯低気圧に変わりながら日本海を北東方向に進んだ。8 日には北海道の西の海上を通過し、最大瞬間風速は中心に近かった札幌市で 50.2 m/s、中心から離れたオホーツク海側の雄武町でも 51.5 m／s など、広い範囲で記録的な風が吹いた。札幌市内だけでも街路樹が 3000 本以上倒れ、神恵内村では

高波により国道の橋が折れて落下した。

　この台風18号は温帯低気圧に変わる前も台風として猛威を振るっており、大雨・暴風・高潮により全国の死者・行方不明者は46人、うち9人が北海道内での犠牲者だった（**図1.29**　2004年9月8日の天気図）。

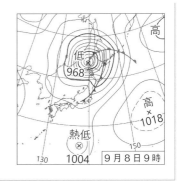

◎進化を続ける観測と予報

　近年、気象庁が発表する台風の予報円の半径は、平均的に小さくなってきています。つまり、さまざまな台風に対してより確実な予報を出せるようになってきたのです。実際に台風進路の予報誤差（図1.30）を見ると、グラフが全体的に右肩下がりで、誤差が縮まって予報精度が上がっていることがわかります。特に2015年以降は、24時間後の中心位置の予想については誤差100km以内の精度を保っています。この成果の裏には日進月歩の勢いで進化し続けている観測と予報があります。

　台風はその一生のほとんど海の上で過ごします。海には、陸上と異なり観測機器を置くことが容易ではありません。かつては南の海から近づく台風の様子をいち早く把握しようと富士山の山頂にレーダーを設置していた時代もありましたが、今はその姿を宇宙から人工衛星で捉えています。台風が海上にあるときの大きさや強さは衛星画像で見た雲の形状から推定していて、近年はその衛星画像の解像度が格段に上がったことにより、より正確に推定できるようになりました。また衛星から海面水温が推定できるようになったことで、海がどのくらい台風の発達しやすい環境になっているかも、より詳しく把握できるようになりました。予報の出発点である実況把握の精度を上げることは、予報精度を上げるためには不可欠です。

　予報のプロセス自体も進化していて、研究によって新たに得られた知見を活かすべく計算プログラムは年々改善されていき、計算に使うスーパーコンピュー

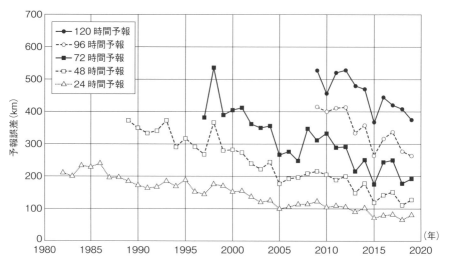

図 1.30　台風進路予報（中心位置の予報）の誤差を年ごとに平均したもの（1980 年代前半は 24 時間先までしか予報を出せなかったのが、時代とともに 48 時間先以降の予報も出せるようになったため、グラフごとにデータ数が異なる）

タも 2018 年により性能の高いものに更新されました。現在では、アメリカやイギリスなど海外の気象当局による予報データも利用して、さらなる精度向上に取り組んでいます。

　一方で、ここまで台風の姿がよく見えるようになり、その進路予報の精度が上がっているにも関わらず、ほとんど向上していないものがあります。台風の強さの予報精度です（図 1.31）。

　もともと強度予報は進路予報より技術的に難しいためスタートも 20 年ほど遅れていますが、それでもグラフがほぼ横ばいになっているのは、進路予報とはあまりにも対照的です。

　強度予報を特に難しくしている現象の 1 つが「急速強化」です。台風が急速に発達することで、明確な定義はありませんが、おおむね 24 時間で 40 hPa ほど中心気圧が下がることを指します。アメリカでスーパー台風と呼ばれるような強さまで発達する台風（中心付近の風速が 1 分平均値で 67 m/s 以上）は、基本的にはこの急速強化を経験していることがわかっています。つまり急速強化のしくみを解明することは極端に強い台風の実態を解明することにつながります

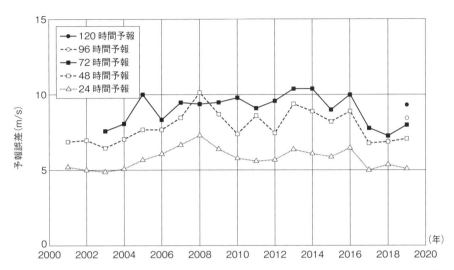

図 1.31　台風の強度予報（中心付近の最大風速の予報）の年平均誤差（96 時間先・120 時間先の予報については 2019 年開始）

が、まだまだ研究段階にあり、世界中でさまざまな論文が出されている最中です。

　急速強化には海面の水温だけでなく、海面から 50 m あるいは 100 m ほど下の、海の中における温度の情報が大事だということがわかっています。海の中を調べることは容易ではありませんが、現在、世界の海の約 3000 か所に、海水の成分や水温を自動で観測できる「アルゴフロート」という観測機器が投入されています。日本を含む 20 か国以上が協力し、最大で水深約 2000 m まで探って集められたデータは、台風だけでなくさまざまな気象・海洋現象の解明に役立てられています。

　さらにごく最近では、航空機観測によって、「直接」台風を見ようという取り組みも進んでいます（図 1.32）。航空機で台風の上空へ飛んでいき、観測機器を投下して風速や気温を直接測るもので、日本では主に終戦直後から 1980 年代にかけてアメリカ軍によって行われていた手法ですが、現代では観測データをスーパーコンピュータで解析することで観測結果の活用の幅が格段に広がっています。まさに古くて新しいこの取り組みは、台風の実態解明につながる一手として期待されています。

図 1.32　航空機から見下ろした、台風の眼を取り囲む雲（2017 年台風 21 号の航空機観測時に撮影）。写真提供：山田広幸氏

　一連の挑戦と努力は予報精度の向上に資するだけでなく、将来的には、台風がいつ・どこで発生するのかを予測する「台風発生予報」の実現や、地球温暖化による台風への影響の解明にもつながっていき、「未来の台風情報」を支えていくことになるのです。

台風こぼれ話

《　個性ある台風たち　》

　台風は年間25個あまりが発生し、生まれてから消滅するまでの経緯にはそれぞれの"ストーリー"があります。

　例えば、台風になった後にいったん勢力が落ちて熱帯低気圧になり、その後また発達して台風になる「復活台風」。数年に1つの頻度で現れます。また、「越境台風」と呼ばれるものもあります。台風は、東経180度より東側の海域では「ハリケーン」と名前が変わります（同様に、インド洋付近や南半球では「サイクロン」です）。ハリケーンが流されて移動するうちに東経180度線を越えて西へやってくると「台風」になり、東側の海域を管轄するアメリカの気象当局から日本の気象庁へ引き継ぎが行われます。まるで新しい担任の先生に紹介される転校生のようなこの「越境台風」も、数年に一度程度みられます。

　越境も復活もそれぞれはさほど珍しくない現象ですが、中には越境して復活したツワモノもいます。2015年の台風12号はもともと東経180度より東の海で生まれましたが、西へ西へと進み7月13日に「越境」してきました（ハリケーンと台風は風速の

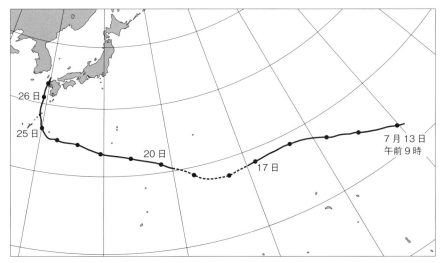

図　2015年台風12号の経路図（破線：熱帯低気圧だった期間）。ひたすら西へ長い長い「旅」をした

基準がやや異なるため、厳密にはハリケーンの1つ下の「トロピカル・ストーム」から台風になりました）。発達しながらさらに西へ進んでいましたが、17日にいったん衰退して熱帯低気圧になります。ところが20日、再び発達して台風に「復活」し、さらに西へと進んで沖縄・奄美へ接近。25日には奄美で記録的な大雨となったほか、遠く離れた東北でも前線の活動が活発になって激しい雨が降りました。翌26日、北へ向きを変えて九州に大雨と暴風をもたらしながら長崎県に上陸。台風12号は、越境して復活して上陸した統計史上最初の台風になったのです。

　台風は動き方にも、それぞれの個性があります。「台風を動かすもの」で解説した典型的なパターンにはまらない、複雑な動き方をする台風は毎年現れます。例えば、同じ場所を行ったり来たりウロウロしたり、ぐるぐる回ったりする「迷走台風」。偏西風が日本付近を吹くことが少ない夏によくみられます。また、「逆走台風」と呼ばれる、本州付近で東から西へ進む台風もあります。2018年の台風12号は7月24日に日本の南の海上で発生した後、反時計回りの大きな円を描きながら28日には関東に接近し、そこから東海に進んで29日に三重県に上陸。さらに近畿、中国、九州へ進むという、まさに西へ「逆走」の進路でした。

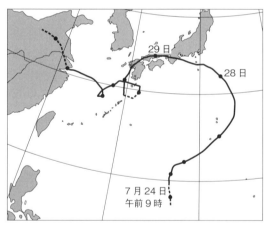

図　2018年台風12号の経路図（破線部分は熱帯低気圧または温帯低気圧だった期間）。関東・東海に東から接近し、二度も円を描く異例の経路をたどった

このように台風の個性をつぶさに見つめていくと、同じ台風は2つとなく、すべてが唯一無二の存在であることがわかります。たとえ似たような場所で生まれてもまったく違った動きをしたり、同じような場所を通っても引き起こす現象が異なり、「台風が来てもいつもこのくらいの雨しか降らない」などということもできませんし、「うちの地域には台風が来ない」と安心することもできません。どの台風に対しても先入観を持たず、常に最新の情報を確認することが大切です。

1-2-10.　台風＋前線＝大雨警戒〜秋雨前線〜

　8月末から10月上旬にかけて、暑さが一段落する頃になると秋雨の季節を迎えます。梅雨とは異なり「秋雨入り」「秋雨明け」の発表はなく、梅雨と比べて雨の季節としての存在感は薄いかもしれませんが、実際には梅雨と同様に大雨への警戒が必要です。

　秋雨前線が停滞するだけでも雨が続いて被害につながることがありますが、さらに危険性を高めるのが台風です。台風はそれ自体が大雨をもたらすだけでなく、1000 kmほど離れていても影響を及ぼすことがあります。台風は低気圧の仲間なので、台風の周囲では風が反時計回りに吹きます。例えば図1.33のように台風が日本から見て南西の海上にある場合を考えてみましょう（秋の台風がよく通るルートです）。台風周辺の反時計回りの風に乗って、南から熱帯の空気が日本列島へどんどん送り込まれることになります。台風は熱帯の空気を日本列島に送り込むポンプのような役割を果たすのです。熱帯から届く空気は、積乱雲の発達を助長する暖かく湿った空気です。天気予報やニュースでよく聞く「台

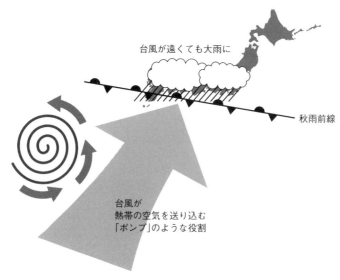

図1.33　台風の存在によって前線の活動が活発になる位置関係の例（イメージ）

風周辺の暖かく湿った空気が流れ込んで、前線の活動が活発になる」というコメントは、まさにこのことを指しています。

　台風が天気図上に見えると、自分の地域に接近するのかしないのか、またいつ接近するのかが最も気になる人が多いと思います。しかし台風は接近しなくても離れた場所に大雨をもたらす危険性があり、特に日本列島にかかる前線の南側に台風がある場合は警戒が必要です（図1.34）。

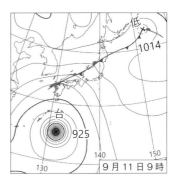

図 1.34　典型的な「台風＋前線＝大雨」のパターン。2000年9月11日、名古屋で日降水量が400 mmを超える記録的な大雨に（いわゆる東海豪雨）。沖縄の南東の海上に台風14号があり、本州上に停滞していた秋雨前線に向かって非常に暖かく湿った空気が送り込まれた

1-2-11.　馬も肥える気持ちよさ～秋のさわやか高気圧～

　10月に入ると、秋雨前線が徐々に南に下がって活動が弱まり、かわって大陸育ちのさわやかな空気を持った高気圧が日本付近に移動してくるようになります。春と同じような気圧配置ですが、春よりも「天高く馬肥ゆる秋」、澄んだ青空が広がることが多くなります。

　春と秋の大きな違いは、地面付近に降り注ぐ日差しの強さ、太陽のパワーです。例えば4月中旬と10月中旬の昼間の時間（日の出から日の入りまでの時間）を比べると、4月の方が2時間近くも長くなっています。さらに日中の太陽高度も春の方が高く、結果として地面が受け取る日射量［全天日射量（図1.35）］は春の方が断然多くなります。

　この日射量の違いから、春は秋よりも地面付近の空気が暖まりやすく、そし

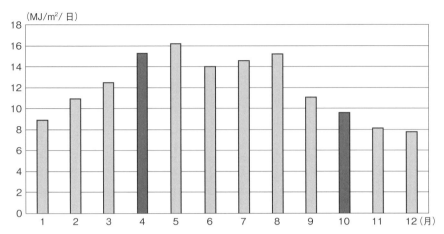

図 1.35　月別の全天日射量（東京・平年値）。秋（10月）の全天日射量は春（4月）の6割程度しかない。なお、全天日射量は昼の時間の長さと太陽高度のほかに日照時間にも影響を受ける（晴れる日が多く日照時間が長いと全天日射量は増える）

　て暖かい空気は軽いという性質があることから、上昇気流が発生しやすくなります。さらに春はまだ草がさほど生えていない季節で土が露出している部分も多く、空気が乾燥しやすいこともあって砂ぼこりが舞いやすくなります。「春霞」という言葉があるように、春は晴れても見通しがあまりよくなりません。

　一方で秋は、春より日射量が少ないために上昇気流が生じにくいだけでなく、地面には夏の間に生い茂った草があり、秋雨で降水量が増えることもあって砂ぼこりが発生しづらくなります。晴れた日には澄んだ青空が広がり、気分も爽快。まさにスポーツの秋、食欲の秋です。

　なお秋も春と同様に、上空の強い西風（偏西風）が本州付近を吹いて、天気は2～3日程度の短い周期で変わります（図1.36）。「女心と秋の空」（もとは「男心」だったともいわれますが）という言葉が残っていることからも、爽やかな秋晴れが長続きしないことをうらめしく思った昔の日本人の心がうかがえます。

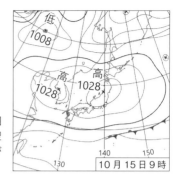

図1.36　秋の高気圧に覆われて、九州～北海道の広範囲でさわやかな秋晴れに（2016年10月15日）。しかし翌日には西日本、翌々日には北海道にまで雨の範囲が広がり、晴天は長続きしなかった

1-2-12.　曇雨天をもたらす高気圧～北高型の気圧配置～

　低気圧や前線が通過した後、高気圧に覆われて全国的に晴れ……となるはずが、関東周辺だけ雲が残ったり、弱い雨が降ったりすることがあります。高気圧の中心が関東よりも北にある、「北高型」と呼ばれる気圧配置のときです。

　高気圧周辺では時計回りに風が吹き出しています。すると高気圧の中心が日本海や三陸沖を通る場合、関東周辺には北東からの風が吹くようになります（図1.37）。関東の北東側には親潮が流れる冷たい海が広がっていますので、その上を吹いてくる風は冷たく湿っています。1-2-7で解説したオホーツク海高気圧のときと同じようなメカニズムで、一見すると高気圧に覆われているようでも、その冷たく湿った空気の影響で雲が広がり、弱い雨が降るようなこともあります。なお、このような場合、雲の形状は平べったく、雲の上端の高さ（雲頂）は1000～2000m程度で、雲としては低い方に分類されます。この雲より高い場所、例えば標高2000m以上の山に登ると晴れていて、眼下には雲海が広がっていることがあります。

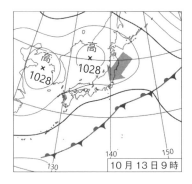

図 1.37　前日まで雨を降らせた前線が東の海上へ離れ、日本列島は一見、高気圧に覆われたが、高気圧の中心は日本海を通った。関東周辺では冷たく湿った風（矢印）の影響で雲がかかり続け、東京は弱い雨が降ったりやんだりの肌寒い 1 日になった（2018 年 10 月 13 日）

1-2-13.　静かに訪れる冬の足音〜放射冷却〜

　11 月上旬、暦の上では立冬を迎え冬が始まりますが、すぐに毎日寒くなるわけではなく、まるで春のように暖かくなる日もあります。「小春日和」と呼ばれる、初冬に現れる穏やかな晴天です。高気圧に覆われて風も弱く過ごしやすくなりますが、こんな日は「放射冷却」による朝晩の冷え込みに注意が必要です。

　「放射」とは物が外へ熱を出すことを指し、すべての物が持っている性質です。地球の地面は常に宇宙に向かって放射している、つまり熱を出し続けていますが、日中は地球が太陽から受け取る熱量の方が大きいため、地面の温度も地面付近の気温も上がります。しかし太陽が沈んだ後は受け取る熱がなくなり、夜の間は熱を外に出すだけになってどんどん冷えていきます。これが放射冷却です。放射冷却は夜、晴れているときの方が効きやすく、空が雲に覆われていると効きにくくなります（図 1.38）。というのも、雲がある場合は地面から出される熱を雲がいったん吸収します。熱を得た雲は四方に向けて放射、つまり熱を出し、その一部が地面に向かうため地面付近の気温低下が妨げられます。雲がいわば掛け布団のような役目を果たすことになるのです。なお雲が少ない夜でも、大気中の水分が多いとき、つまり湿度が高いときは、同様に放射冷却が効きにくくなります。

　風が強いときも放射冷却は効きにくくなります。風が強いと、地面付近の冷えた空気がまだ冷え切っていない空気と混ざり合い、気温の低下を妨げるため

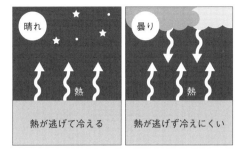

図1.38　天気と放射冷却の関係のイメージ

です。風が強いと体感温度は下がりますが、気温そのものは意外と下がっていないのです。

　放射冷却は季節を問わず、いつでも起きる現象です。ただ特に初冬は、次第に天気図に「冬型の気圧配置（1-2-14）」が現れ始め、まだ冬型が長続きはしないものの寒気が流れ込みやすくなり、放射冷却による冷え込みが一層身にこたえる季節となります（図1.39）。

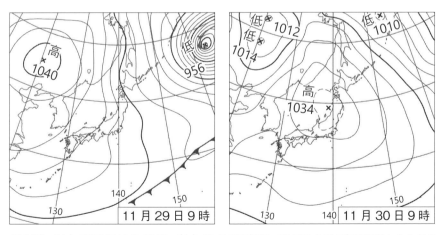

図1.39　（左）2016年11月29日、（右）30日の天気図。29日は冬型の気圧配置となり北日本日本海側でまとまった雪となったが冬型は一時的で、30日には高気圧に覆われた。冬型によって流れ込んだ寒気が残っている状態で穏やかな晴天を迎えたため放射冷却が強まり、全国的に冷え込んで東海などで初霜や初氷を観測

1-2-14.　何が強い？〜強い冬型の気圧配置〜

　冬に現れる典型的な気圧配置といえば、「西高東低の冬型の気圧配置」。1-1で触れた、西に高気圧、東に低気圧が位置する、日本列島で冷たい北風が吹く気圧配置です。シベリア気団の寒気が日本列島に押し寄せ、暖流の流れる日本海上で湯気のように発生する雪雲が、日本海側の地方に次々と流れ込みます。

　中でも高気圧と低気圧の気圧差が大きく、日本列島を横切る等圧線の間隔が狭いときは、「強い」冬型と呼びます（天気予報で「強い」冬型と表現する目安は、天気図に4 hPaごとに引かれる等圧線が日本列島におおむね8本以上かかっているときです）。気圧の差が大きいということは、西にある高気圧の気圧が非常に高いか、東にある低気圧の気圧が非常に低いということですが、どちらのパターンに当てはまるかに注目することで、特に「強く」なる現象を見極めることができます。

◎低気圧が急発達：「風が強い」冬型

　低気圧が急速に発達して中心気圧が一気に低くなると、「風が強い」冬型の気圧配置になります（図1.40）。低気圧が強い風を引き込むイメージから、かつて天気予報の現場では「引きの冬型」と表現することもありました。通常の冬型でも風は強まりますが、特にこのパターンでは広い範囲で暴風警報や暴風雪警報が出るような風が吹き荒れます。もともと冬型のときは日本海側で雪の降ることが多く、雪に強い風が加わると、吹雪による視界不良にも警戒が必要になります。また、日本海で発生した雪雲が強い風で太平洋側まで流されてきて、普段は雪の少ない太平洋側でも雪の降るところが出てきます。

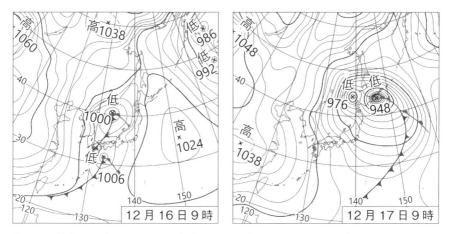

図 1.40 （左）2014 年 12 月 16 日、（右）17 日の天気図。16 日に四国の南にあった低気圧は、17 日にかけて中心気圧が 24 時間で 58 hPa も低下した。低気圧中心に近い北海道東部を中心に大雪や猛吹雪に。根室市では観測史上 2 位となる最大瞬間風速 39.9 m/s を記録

◎高気圧がしっかり張り出す：「寒気が強い」冬型

　大陸にある高気圧の中心気圧が高く、その高気圧が日本付近へ強く張り出すと、「寒気が強い」冬型の気圧配置になります（図 1.41）。高気圧が寒気を押し出すイメージから、かつて天気予報の現場では「押しの冬型」と表現することもありました。大陸の高気圧の中心気圧が高いほど強い寒気が蓄積されていることを示し、その寒気が流れ込むと日本海側の広い範囲で大雪警報が出るような雪が降るだけでなく、太平洋側でも厳しい寒さになります。

図 1.41　上空に強い寒気が流れ込み、北海道〜山陰の各地山沿いでは日降雪量が数十 cm に、東海と西日本の各地で初雪を観測した（2018 年 12 月 28 日）。大陸の高気圧は中心気圧が 1080 hPa と、ひと冬に 1 〜 2 度あるかないかの高さだった

1-2-15.　雨か雪か悩ましい〜南岸低気圧〜

本州の南側の沿岸（南岸）をかすめていくように進む低気圧を「南岸低気圧」と呼びます（図1.42）。台湾や沖縄付近で発生して東へ進むことが多く、特に冬から春先にかけては太平洋側の平地にも大雪をもたらすことがあり、注意が必要な低気圧です。一方で、さまざまな要素のわずかなズレにより、雨になるか雪になるか、また雪がどれだけ降るかが変わり、予報が非常に難しい気圧配置でもあります。

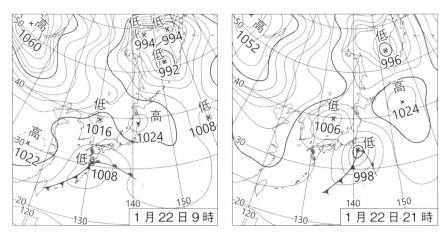

図1.42　南岸低気圧により関東中心に大雪に（2018年1月22日）。東京23区では4年ぶりとなる大雪警報が発表され、東京都心の積雪は23cmに達した

◎注目点1　低気圧進路と雲の範囲

低気圧は、南に広がる暖かい空気と、北に広がる冷たい空気の間を進んでいきます。南側の暖かい空気の勢力が強いと、低気圧の中心は陸地の近くを通ることになります。低気圧が近いために陸地で何かが降る可能性が高くなる一方、気温が上がり、降るものは雪ではなく雨になりやすくなります。逆に北側の冷たい空気の勢力が強いと、気温が下がって降るものが雪になりやすくなりますが、低気圧が陸地から離れて通ることになり、雨も雪も降らない可能性が出てきます（図1.43）。

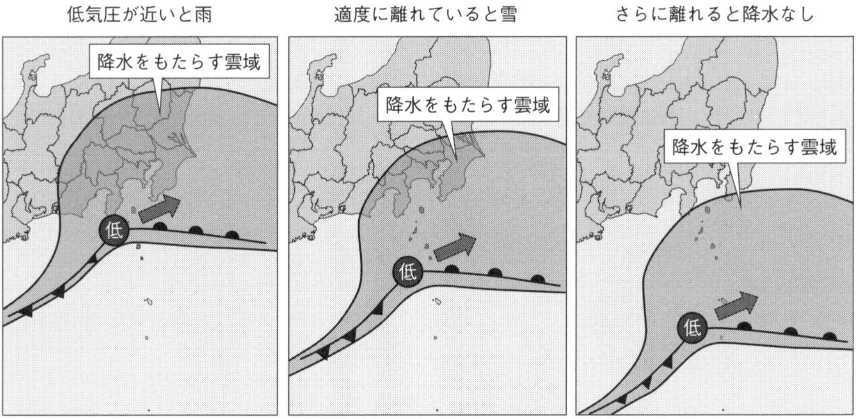

図1.43　南岸低気圧のコースによる影響の違い

　さらに、低気圧がもし陸地から離れた遠いところを通っても、低気圧の雲が大きかったり、北側に大きく偏った形をしていたりすると、陸地にかかります。逆に低気圧が陸地に近くても雲が小さければ、何も降りません。

　このように低気圧が進むコースと雲の形や大きさのわずかなズレで、雨になるか雪になるか、また降るか降らないかの違いが出てきます。

◎注目点2　上空の気温

　雲は水の粒や氷の粒（まとめて雲粒と呼びます）でできていますが、真夏を除き、上空の雲の中にある雲粒の多くは氷の粒です。それが解けずにそのまま地上に届くと雪、落ちる過程で解ければ雨になります。そのため、上空から地上にかけて気温が氷点下であれば、地上で雪が降ることになります。

　この条件を満たしているかどうかを確認するのに便利なのが、上空1500 m付近の気温です。1-3で後述するように、一般に上空1500 m付近で－6℃以下なら地上で雪が降る可能性が高いという目安になります。上空1500 m付近の気温は雨・雪の判別以外にもさまざまな解析に利用できるため予報の現場でもよく使われますが、たとえ上空1500 m付近の気温が条件をわずかに満たしてなかったとしても雪にならないとはいい切れないため、より厳密に判断するためには、上空750 m付近や500 m付近の気温も確認します。

◎注目点3　雲の発達具合

　雲が降らせる雨や雪の量は、その発達具合がわずかに異なるだけでも、大きく変わることがあります。

　雨と雪をまとめて「降水」と呼び、降雨量と降雪量をまとめて「降水量」と呼びます。降雨量 1 mm はおおむね降雪量 1 cm に相当します。低気圧に伴う雲が予想よりも発達して降水量が増えた場合、その降水がすべて雨であれば、降雨量が 1 mm から 5 mm に増えてもさほど大きな影響はありません。しかし、もし雪であれば降雪量が 1 cm から 5 cm に変わることで、太平洋側の市街地などでは交通機関が混乱するおそれがあります（例えば東京 23 区では、12 時間の降雪量 5 cm が大雪注意報発表の基準となっています）。そのため、雪の降る可能性が少しでもあるときは、降水をもたらす雲が当初の予想よりも発達していないかどうか、衛星画像やレーダー画像などで実況をこまめにチェックする必要があります。

◎注目点4　降る ≠ 積もる

　雪が降るかどうか、そしてどのくらいの量が降るか、というだけでも予想が難しいのですが、「積もるかどうか」はさらなる難問です。

　たとえ降水が雪として地上に落ちてきた場合でも、地面そのものの温度が十分低くなければ積もらないためです。また、地面が土なのか芝生なのかコンクリートなのかによっても積もりやすさは大きく変わってきます。

　さらには、たとえ雪が降って積もっても、途中で雨に変われば（積雪量が多くない限り）雨により洗い流されますが、雨に変わらずにやんで天気が回復すると積雪は残ります（また、例えば関東でも山沿いであれば、大量の雪が降り積もることで積雪が圧縮されたり、吹雪となって風に飛ばされたりして、降雪量に対して積雪量が少なくなることもあります）。

　このように、膨大な量の要素が絡み合って積雪するかどうかが決まるため、事前に予想することはかなりの困難を伴います。そのため、気象庁から発表される雪の予報には「予想降雪量」は書いてあっても「予想積雪量」が書いてあることはありません。予報を伝える側も受け取る側も、積雪の予想には不確実性がかなり大きいことに留意する必要があります。

● 玄人さん向け Tips：雪が気温を変える ●

　雪の予報をさらに難しくする要素として、凝結熱の効果があります。凝結熱とは、氷が解けて水になるときに周囲から奪う熱のことです。雪は降っている間も、積もったものも、解けると周囲から熱を奪って気温を下げます。すると、例えば雪が上空から地上へと落ちていく途中に比較的暖かい層があると、雪の粒は解けながら落ちていくことになります。しかしその解ける過程で凝結熱の効果で周りから熱を奪い、周囲の気温が氷点下まで下がると、完全に解けて雨になる前に再び凍って、雪として地上に届きます。さらに空気が乾燥していて湿度が低いと、雪が解けるだけなく蒸発する（昇華する）ことがあり、周囲の気温をさらに下げます。そのため、降り始めは雨でも、次第に雪に変わることがあります。雪の粒という微細な存在一つひとつが持つ効果によって、結果が大きく左右されるのです。

1-3.　高層天気図

1-3-1.　高層天気図とは

　普段の天気予報に登場する天気図は「地上天気図」といって、私たちが生活する付近の高さにおける天気図です。低気圧や前線が近づいて雨が降ったり、高気圧に覆われて穏やかに晴れたりと、私たちの周りで起きる気象現象を気圧配置で直接的に見ることができます。本書では特にことわりがない限り、「天気図」は地上天気図を指しています。しかし、気象の変化は地上付近の空気だけで決まるものではありません。天気も気温も実際には3次元的に変化していて、上空にある空気の影響を受けます。その上空の情報を知る道具が、高層天気図です。この節では高層天気図の主な活用法について解説しますが、専門的な内容が多いため、難しいと感じた人は次の第2章へ進んでください。

　図1.44は、高層天気図の例です。

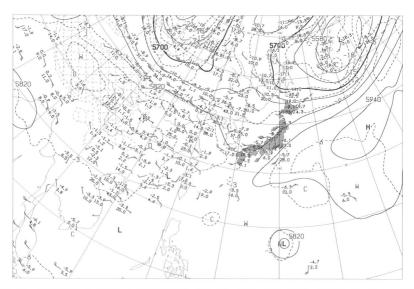

図1.44　2018年7月7日午前9時500 hPa等圧面。高度、気温、湿数（気温と露点温度の差）、風向・風速などが描かれている

　見慣れた地上天気図とはかなり異なる雰囲気を感じる方が多いかと思います。専門的な図であるため情報量が多くさまざまな数字や記号が書き込まれていますが、この節で注目するのは実線で表された等高度線と、点線で描かれた等温線です。天気図に等高度線、というのは一般的には馴染みがないかと思いますが、高層天気図では等高度面に等圧線を描くのではなく、等圧面に等高度線を描きます。理由はかなり専門的なため割愛しますが、等圧面で見る方が現象をとらえやすいためで、等高度面で気圧の高いところは等圧面で高度が高いところに対応します。なおテレビの天気予報では、高度のラインを描かずに気温のラインだけを描いた図を使うこともあります。

1-3-2.　高層天気図でわかること

◎地上の寒さ・暖かさの目安：850 hPa（上空 1500 m 付近）の気温

　850 hPa 等圧面の気温を見ると、地上でどのくらいの気温になるかという目安がわかります。850 hPa は高度はだいたい 1500 m 前後になるため、天気予報ではよく「上空 1500 m 付近の気温」と表現します。上空 1500 m 付近は、地形の影響を避けながら大まかな暖気や寒気の移動を把握できる高さです。季節にもよりますが、850 hPa における気温に 13 ℃（夏は約 10 ℃、冬は約 15 ℃）を足すとおおむね地上における気温になり、地上付近のおおまかな気温変化の見通しがわかります（図 1.45）。もちろん地上が雲に覆われていたり雨が降っていたりすると気温が下がる原因になるため、この目安は「晴れればこのくらいまで

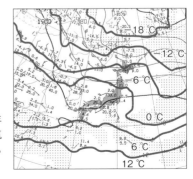

図 1.45　上空 1500 m 付近の気温分布の例（2019 年 2 月 24 日）。九州から東北南部まで同じ気温の暖気に包まれ、最高気温は福岡でも大阪でも福島でも 14 ℃前後に

気温が上がる見込みがある」という指標になります。

　気温の目安は、雨が降るか雪が降るかの指標にもなります。上空1500 m付近で0℃以下だと山で雪が降る目安、−6℃以下だと平地で雪が降る目安です。これについてもあくまで目安であって、実際に雪が降る場所とは異なることがあります。

◎荒天リスクの目安：500 hPa等圧面（上空5500 m付近）の高度・気温

　500 hPa等圧面の情報からは、より大まかに「天気が荒れそう」という見通しが得られます。例えば雪については、上空5500 m付近で−36℃以下の空気が流れ込むと、大雪になるおそれがあります。上空5500 m付近の気温と地上気温の差がおおむね40℃以上開くと、大気の状態が不安定（1-2-8）になりやすいということがわかります。

　また、上空5500 m付近の寒気が丸い渦のような形で近づいてくることがあります。このようなときは500 hPa等圧面で見ると等温線も等高度線も閉じていて、「寒冷渦」と呼ばれます（図1.46）。寒冷渦は中心に寒気を持った上空の低気圧で、偏西風の流れから切り離されていることから「切離低気圧」とも呼ばれます。寒冷渦が近づくと広い範囲で大気の状態が不安定になって雷雨や突風など激しい現象が起きやすくなり、しかも動きが遅いため荒天が長引くおそれがあります。

　上空の天気図ではこのように目を引く渦として現れますが、地上天気図では

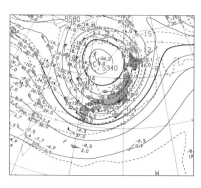

図1.46　寒冷渦の例（2018年5月4日）。北日本や北陸、山陰などで大気の状態が不安定になり、雷雨が発生した

通常の低気圧と見分けがつかなかったり、高気圧になっていたりする場合もあって、荒天のリスクに気づくには上空の情報が重要です。

　なお、寒冷渦はそれ自体、荒れた天気を引き起こす原因になりますが、別の現象の動きを左右することもあります。例えば、寒冷渦の周りの反時計回りの風に乗って台風が移動することがあり（1-2-9）、寒冷渦の位置が少し変わるだけで台風が接近する地域が大きく変わることもあります。

1-3-3.　偏西風の流れを見てみよう

　高層天気図の中でも特に高いところの状況がわかる天気図を見ると、中緯度域では常に強い西風が吹いていることがわかります（図1.47）。風は波打ちながら吹いていて、その波長や振幅を変化させながら地球をぐるっと一周しています。低気圧や高気圧は主にこの偏西風に乗って西から東へ移動していて、流れがまっすぐに近いほど天気の変化が早くなります。

　偏西風の振幅が大きくなることを「蛇行」といい、蛇行が大きくなって谷の部分が切り離されたものが前述の寒冷渦で、偏西風に乗っていないため動きが遅くなります。また、偏西風が蛇行したまま流れが止まってしまい、長期間停滞することもあります。「ブロッキング現象」と呼ばれ、異常気象の原因となることがあります。

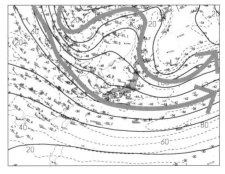

図1.47　2016年4月1日9時300 hPa 天気図。日本の上空で強い西風が吹いている。風が特に強い部分（ジェット軸）はこのように2本ある場合も、1本の場合もある

お天気こぼれ話

《 上空のデータはどうやって手に入れるの？ 》

　高層天気図を描くためには上空の気象状況を知る必要がありますが、地上の観測とは異なり一筋縄ではいかないため、気象庁ではさまざまなツールを利用しています。代表的なものが、ラジオゾンデによる観測。気象測器をゴム風船に吊るして飛ばし、上空の気温や湿度、風向・風速を測ります。

　風船に吊るすのは、大人の手のひらに乗るほどのコンパクトな気象測器（ラジオゾンデ）。こんなに小さなボディに気温計や気圧計、それに無線送信器などがついていて、計測したデータと GPS 位置情報を上空から地上へ無線で送信します。位置情報から風船の移動方向や速度がわかり、上空の風向・風速がわかります。このような観測方法の歴史は古く、気象庁では大正時代にはすでに小型気球や凧による高層観測を試みていて、昭和年間には現在とほぼ同じ形で観測していました。

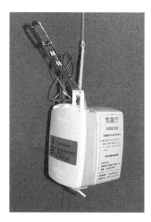

図　ラジオゾンデの例。大人の手のひらに乗るくらいのサイズ

　ゴム風船に吊るして……と聞くと「ちゃんと観測ができるの？」と驚く人もいるかもしれませんが、この風船は高層気象観測のために作られた優れもの。高度約 30 km という、気温も気圧も低い環境の中でしっかり測器を運んで飛んでくれます。地上で放球するときには直径 1 m ほどの風船が、気圧の低い上空ではどんどん膨張していき、なんと最大で直径 8 m 程度まで割れずに膨張するという丈夫さです。

　気象庁では北海道から沖縄まで全国 16 か所の気象台や測候所、それに南極の昭和基地で 1 日 2 回、午前 9 時と午後 9 時に放球しています。世界各地の気象機関や海を航

図　ラジオゾンデ放球の様子。[撮影場所：高層気象台（茨城県つくば市）]

行する観測船からも同じ時刻に放球され、各国間でデータが共有されています。

　そのほか気象庁ではウィンドプロファイラといって、地上から上空に向けて電波を発射し、大気中の風の乱れなどによって散乱され戻ってくる電波の状態から上空の風向・風速を計算する観測を、全国33か所で行っています。毎日10分ごとに手に入るデータからは、最大で高度12 km程度までの風の様子が把握できます。

　このように複数の手段を組み合わせることによって、直接手の届かない上空のデータを入手することができ、日々の天気予報に役立てられています。

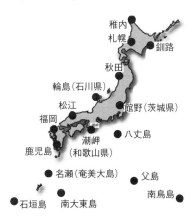

図　気象庁のラジオゾンデ観測地点。右の国内16か所と南極（昭和基地）で1日2回放球している

第2章
近年の気象災害事例

▼

▼

▼

　2010年代の主な気象災害事例を、現象が発生したしくみから、私たちの命や社会に影響を及ぼした過程、そして災害を機に新たに始まった対策まで、とことん具体的に解説します。全24事例を季節の流れとともに把握できるよう、春（3月）から順に掲載しています。

2-1. 解ける雪の怖さ
～降った雨以上の水が流れる融雪洪水～

　大雨が降ると川の氾濫など災害のおそれがありますが、もしそれが雪の多い地域で、さらに春先だった場合、危険度は大幅に増します。空から降ってくる雨の量に加えて、地上に積もっている雪が解かされ、大量の水となって一緒に川に注ぐためです。2018年3月、発達しながら北海道へ向かった低気圧は、記録的な雨だけでなく融雪をも引き起こしました。北海道内では複数の川が氾濫し、住宅の浸水や農業用ハウスの倒壊も発生。さらに、冬に川が氷結する地域ならではの現象である「アイスジャム」も被害を拡大させました。

◎低気圧がもたらした暖気

　3月8日、前線を伴った低気圧が発達しながら西日本付近を東へ進み、各地に激しい雨を降らせ、三重県紀北町では1日の降水量が3月の観測記録を更新しました［図2.1（左）］。低気圧が発達するとき、その中心付近に向かって北からは寒気、南からは暖気が流れ込みますが、寒気と暖気の温度差が大きいと発達が一層促進されます。今回は特に南からの暖気が平年を10℃以上も上回るという極端に高い状態で、この日の朝は西日本で最低気温が5月下旬並みになったところもありました。

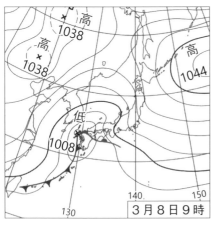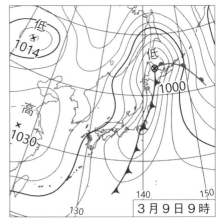

図2.1　（左）2018年3月8日、（右）同9日の天気図

表2.1　2018年3月8日〜9日の上空の気温変化

	札幌上空1500m付近の気温
3月8日午前9時	−2.9℃（平年比＋7.5℃、4月上旬並み）
3月9日午前9時	4.1℃（平年比＋14.4℃、5月中旬並み）

　そしてこの低気圧は暖気とともに、さらに発達しながら北海道へ向かいました［図2.1（右）］。道内では8日の夜から雨が降り始め、9日にはほぼ全道で雨となりました。低気圧がもたらした暖気のために気温が高く、まだ雪が降っていてもおかしくない時期の北海道で、大部分の場所で雪ではなく雨が降ったのです（表2.1）。9日の夜には雨雲が抜けたものの、多いところでは1日で150mmほどの雨が降り、3月としては記録的となりました。

◎解ける雪の怖さ

　1日で約150mmという降水量は、例えば紀伊半島などもともと雨の多い地域では何も災害を引き起こさないことの方が多いような雨の降り方といえます。しかし北海道にとっては、命にかかわる災害になってもおかしくない降水量です。さらにこのとき、冬の間に降り積もった雪がありました。雨と暖気により道内の広い範囲で急激に雪解けが進み、多いところでは20cm前後も積雪が急減。場所によっては降水量を1.5倍に増やすほどの効果があったという分析もあります。大量の水が流れ込んだ川は増水し、道内のあちこちで氾濫しました。

◎急激な氾濫を引き起こす「アイスジャム」

　今回の災害に追い打ちをかけたのが、「アイスジャム」と呼ばれる現象です。北海道では多くの川が年間100日以上氷結し、冬期は川に大量の氷が存在します。この大量の氷が、大雨など何かのきっかけで流れ下り、川をせき止めてしまう現象をアイスジャムといいます。アイスジャムが発生すると、急激な水位の上昇や氾濫などを引き起こし、流下する氷に人が巻き込まれるおそれもあります。

　アイスジャム自体は、北海道の氷結河川では一般的な現象ですが、通常は道北から道東にかけての地域でよく発生します。ところが今回は石狩や十勝など、

アイスジャムが頻繁に起きるわけではない地域も含め道内のほぼ全域で同時多発的に発生し、専門家にとって想定外の場所でも起きました。それほど、今回の大雨と気温上昇が全道的に顕著だったことを意味しています。辺別川でアイスジャムが発生した美瑛町では、巻き込まれた1人が亡くなりました。

◎資源でもある雪

　冬の間に積もる雪は、北海道にとって貴重な水資源でもあります。日本の水資源を構成するものは、梅雨・台風・雪解け水の3つに大別されますが、梅雨がなく台風の影響も少ない北海道にとって、雪解け水は生活や産業に必要な水を与えてくれる、欠かせない存在です。北海道内の川を流れる水の半分以上は雪解け水です。しかも、梅雨や台風の降水量は年々変動が大きいのに対し雪の量は比較的安定していて、北海道は日本のほかの地域よりも夏期の渇水が少ないという特徴があります。

　一方で、雪は降るだけでも事故やけがにつながることがあり、積もれば交通が遮断され、崩れれば雪崩、解ければ洪水と、さまざまな災害を引き起こします。北海道にとっての雪は、まさに恵みであり脅威でもあるという二面性を持っているのです。

2-2. 南岸低気圧による大雪と雪崩
～登山訓練中の高校生が犠牲に～

　2017年3月下旬、桜前線が北上していた本州の南岸を、低気圧が急発達しながら進んでいました。低気圧の北側では寒気が引き込まれて気温が下がり、東海から関東を中心に真冬並みの寒さに。北からの寒気と南からの暖気がぶつかって発達した低気圧は、関東甲信の山にまとまった雪を降らせ、26日には長野県軽井沢市で28 cm、27日には栃木県那須町で3月の観測史上最大となる35 cmの雪が降りました。その日、那須町にある那須温泉ファミリースキー場の近くで雪崩が発生。スキー場の営業は1週間前に終了していましたが、ゲレンデ上方には「春山登山安全講習会」で登山訓練をしていた高校生らがいました。轟音とともに襲った大量の雪はあっという間に人を飲み込み、押し流します。この雪崩によって、訓練に参加していた生徒と教員のうち8人が亡くなり、40人がけがをしました。

◎平地では雨だった

　低気圧が本州南岸を通過すると東京都心など平地でも大雪になることがありますが、今回は関東の平地では雨となりました。栃木県内でも宇都宮市では一時的にみぞれが降る程度で、ほとんどの時間は雨が降っています。ただ、平地で雨でも山沿いでは雪、さらに大雪になることもあるのが南岸低気圧の特徴です。栃木県那須町のアメダスでは27日、日付が変わった時点で0 cmだった積雪がみるみる増え、朝には30 cmを超えました［図2.2（右）］。

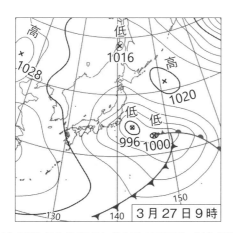

時	積雪(cm)
1	0
2	3
3	11
4	15
5	18
6	24
7	28
8	31
9	33
10	34
11	34
12	33

図2.2　（左）2017年3月27日午前9時の天気図、（右）那須高原（栃木県那須町）で観測された積雪（午前）

◎表層雪崩と全層雪崩

　雪崩は大きく、「表層雪崩」と「全層雪崩」の2つに分けられます。「表層雪崩」は冬に多く、表面近くの新雪の層だけが崩れる現象です。まとまった量の雪が一気に降ったとき、その一気に降った分だけが崩れるのが典型で、崩れた雪は時速100〜200 kmの高速で流れ下ります。一方、「全層雪崩」は文字通り雪の層全体が崩れる現象で、春先に気温が上がった際、地面と接触している部分の雪が解け始めることで発生します。流下速度は時速40〜80 kmと表層雪崩よりは遅いものの、やはり人間が逃げ切れる速度ではありません。

　3月下旬というのは通常であれば全層雪崩が起きやすい時期ですが、今回の事例は表層雪崩とみられます。那須町では10日間以上も1 cmを超える降雪がない状態が続いていたところに27日、いきなり30 cmを超える雪が降りました。古く固まった雪の層の上に新雪の層が形成されると、新旧の層の間は滑りやすくなります。これが、春先にも関わらず表層雪崩が発生した原因の1つと考えられます。この日は福島県の安達太良山でも同様に積雪が急増して雪崩が発生し、登山者2人が行方不明になり、翌日発見されたものの1人は死亡が確認されました。

　なお、表層雪崩でも全層雪崩でも危険であることに変わりはありませんが、メカニズムがわかっていることにより注意喚起の情報を出すことができます。各地の気象台では、まとまった降雪のあった場合（表層雪崩に対応）や、積雪のある状態で気温上昇が予想される場合（全層雪崩に対応）になだれ注意報を発表します（3-5-1）。今回、栃木県では前者の条件に当てはまり、なだれ注意報が出ていました。

◎潜在的な危険

　この日の訓練では当初、スキー場の背後にそびえる那須連山の茶臼岳に登頂する予定でしたが、早朝の段階で雪が強く降っていたため予定を変更。営業の終わったスキー場の近くで雪をかき分けて進む「ラッセル」と呼ばれる訓練をすることになり、生徒と教員55人がゲレンデ上方の尾根を登っていきました。雪崩が起きたのは、ラッセルを開始後まもなくとみられます。標高1500 m付近で発生した雪崩は、次々と人を押し流していきました。現場の生徒や教員、駆け

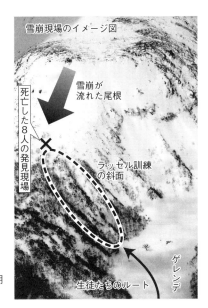

雪崩現場のイメージ図

雪崩が
流れた尾根

死亡した8人の発見現場

ラッセル訓練
の斜面

ゲレンデ

生徒たちのルート

図 2.3　雪崩発生現場のイメージ図（写真提供：朝日新聞社）

つけた救助隊が行方不明者を捜索して病院に搬送しましたが、16歳から17歳の生徒7人と教員1人のあわせて8人の死亡が確認されました（図2.3）。

　この事故について専門家の間では、雪崩自体は自然災害だが被害が出たのは判断ミスによる人災だとする意見もあれば、雪の斜面を登ることによって雪崩を誘発したので雪崩自体も人災だとする意見もありますが、いずれにしても、3月27日の那須町は雪崩の危険性の高い気象状況でした。雪崩を含め、山には常にさまざまな潜在的な危険があることもまた事実です。この事故の生存者の中にはその後、安全な登山のための知識を広める活動をしている人もいます。仲間を失った壮絶な経験と向き合いながら、つらい記憶を教訓として未来につなぐための取り組みが続いています。

2-3. 急発達した低気圧が新年度を直撃！
～全国各地で記録的暴風～

　2012年4月3日、日本海を急速に発達しながら東へ進んだ低気圧は、翌4日にかけて西日本から北日本の広い範囲に記録的暴風をもたらしました。全国に約900ある観測地点のうち75地点で最大風速が観測記録を塗り替え、両津（新潟県佐渡市）では32.1 m/sに。両津の最大瞬間風速は43.5 m/sに達しました。低気圧の発達を示す中心気圧の低下は、最も変化の大きかったタイミングで24時間あたり42 hPa。このように急速に発達する低気圧を「爆弾低気圧」と呼びます。この暴風により広範囲で停電が発生したほか、鉄道の運休や旅客機の欠航が相次ぎました。また、走行中のトラックが横転したり、建設現場の足場が崩れたりして全国各地で死傷者が出ました。

◎短時間で急速に発達する低気圧

　「爆弾低気圧」の基準は緯度によって異なり、北緯30度なら24時間で24 hPa以上、中心気圧が低下する低気圧を指します。2012年4月2日に中国大陸で発生した今回の低気圧は、東へと進みながら、2日午後9時から3日午後9時にかけて中心気圧が42 hPaも低下しました（図2.4）。

　低気圧（温帯低気圧）が発達するためのエネルギー源は、南北の温度差です。中心より北側の冷たい空気と南側の暖かい空気が混ざり合おうとして開放され

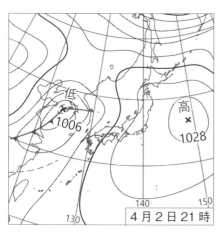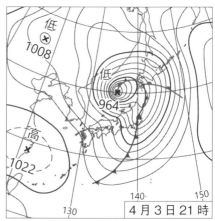

図2.4　（左）2012年4月2日午後9時、（右）3日午後9時の天気図

るエネルギーが発達に使われ、南北の温度差が大きいほど発達しやすくなります。冬の名残の寒気が北側に残り、南から暖かい空気が勢力を増す春先、日本付近で低気圧に急速に発達すること自体は珍しくありません。しかし、日本海の真ん中でここまで発達するのは稀で、今回は特に寒気が強かったことが南北の温度差を大きくした要因とみられます。この年は春になっても寒い日が多く、4月1日には北海道の稚内上空 5500 m 付近で 4 月の観測史上最も低い気温を記録するなど、日本付近にたびたび強い寒気が流れ込んできていました。居残った冬の空気により記録的に発達した低気圧は、文字通り記録的な暴風をもたらしました。

◎広範囲にわたった暴風被害

　今回の低気圧により各地で雨も風も強まりましたが、特に風はほぼ全国的に強く吹きました。図 2.4 の天気図（右）でも、狭い間隔で並んだ等圧線が日本列島全体にかかっていることがわかります。最大瞬間風速 30 m/s 以上を観測した地点は、西日本から北日本までほぼまんべんなく分布しています（図 2.5）。気象庁によると瞬間風速（3 秒平均の風速）が 30 m/s 以上の風とは、何かにつかまっていないと立っていられず、車を通常のスピードで運転することは困難な風です（付録・用語集に詳しい表を掲載）。そんな強さの風が全国で吹いたことで、停電や鉄道の運休、家屋の損壊、そして農業や漁業の被害が西日本から

図 2.5　2012 年 4 月 3 日〜5 日午前 9 時における各地の最大瞬間風速と風向

北日本まであらゆる地域で発生しました。

◎北海道では「暴風雪」も

　各地に被害をもたらした低気圧は4月4日から5日にかけて北海道へ進み、中心気圧は950 hPa台まで下がりました。暴風とともに降ったものは道東を中心に大雨、そして道北や十勝を中心に雪となり、吹雪や吹き溜まりによる交通障害も発生しました（図2.6）。

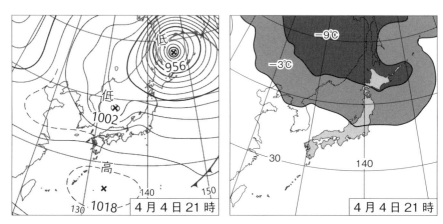

図2.6　2012年4月4日午後9時の（左）天気図、（右）上空1500 m付近の気温。北海道上空には平年を下回る−9℃以下の寒気が流れ込んだ

　なお、このときの気圧配置は、本州を中心に見ると「南高北低」の気温が上がりやすい気圧配置（1-2-3）になっていて、平年を上回る暖かさの中、4日から5日にかけては西日本の4つの気象台で桜の満開を観測しています。まさに日本付近で北からの寒気と南からの暖気がせめぎ合う構図になっていました。

◎混乱に拍車をかけた「タイミング」

　今回、低気圧が急発達することは、前日のうちから予測されていました。そのため、気象庁は4月2日に会見を開き、低気圧の影響がピークとなる3日夜に移動することを避け、早めに帰宅するよう呼びかけました。また東京都は2011年の東日本大震災の際、300万人を超える人が当日夜に自宅に帰れない「帰

宅難民」となった経験を活かし、企業に対して早期帰宅または職場待機による「一斉帰宅の抑制」を要請しました。

　一方で4月3日火曜日は、多くの企業や気象庁を含む役所で新年度2日目の平日、そして新入社員や新入職員が新しい職場での2日目を迎えたタイミングでもありました。各放送局に派遣されたばかりの気象キャスターたちもまた、慣れない土地で出演2日目にして災害報道への対応を迫られました。

　もしこの低気圧の襲来があと何日か遅かったら、いや早かったとしても、影響の大きさは異なっていたかもしれません。しかし、自然現象は時を選びません。私たちはさまざまな現象に対して、たとえ最悪のタイミングであったとしても身を守れるよう、備えをしておく必要があるのです。

2-4.　美しくも恐ろしい凍霜害
〜農家を苦しめ続ける春〜

「霜」と聞くと多くの人は、冷え込んだ朝、草の葉につく美しい結晶をイメージするでしょうか。近年、都市化により乾燥が進み、霜が発生するための水蒸気が減っていることや、草の生えないアスファルトの路面が増えたことから、霜を見たことすらない人も増えているかもしれません。しかし農業においては、現代においても「敵」であり続けています。2016年4月12日の冷え込みでは、霜による農作物の被害が相次ぎました。

◎強い「寒の戻り」

　4月12日の朝、本州付近は高気圧に覆われて広い範囲で穏やかに晴れ、放射冷却（1-2-13）により冷え込みました。最低気温は2月並みから3月並みと、季節が逆戻りしたような寒さのところが多く、西日本の平地も含めて氷点下になったところがあり、各地で霜が降りました。中でもこの日、特に冷え込みが強まったのが北日本です。このとき、上空には前日に雪を降らせた寒気が残り、上空1500m付近の気温は平年より5℃ほど低い状態でした。この時期としては強い寒気と放射冷却が重なり、特に福島県内では複数の観測地点で最低気温が−7℃を下回りました（図2.7）。

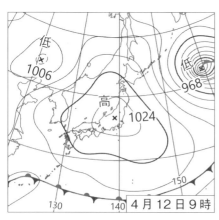
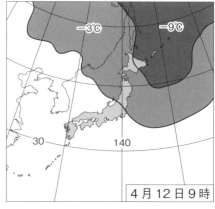

図2.7　2016年4月12日午前9時の（左）天気図、（右）上空1500m付近の気温

◎災害である霜

　春になっても降りる霜を「遅霜（おそじも）」、一方で秋に早々と降りる霜を「早霜（はやじも）」と呼びます。遅霜は主に果物の花芽や茶の新芽、それに春を迎えて始まる露地栽培が被害に遭いやすく、早霜は収穫直前の果実や、まだ残っている露地栽培が影響を受けます。農作物に霜がついたり、凍ってしまったりすることによる災害を総じて「凍霜害（とうそうがい）」と呼びます。冬に霜が降りることは当然ですし、そもそも霜や寒さに弱い農作物は冬に外で育てないので、災害として扱われるのは遅霜と早霜の時期だけです。遅霜も早霜も毎年の現象であり、もちろん農家でも多くの対策が取られています。防霜ファンと呼ばれる、背の高い扇風機のような機材で畑周辺の空気をかき混ぜることで冷え込みを軽減したり、農業用ハウスの中を暖房で暖めたりとさまざまな手法があります。また、霜により収穫が減ることを見越した量の苗を植えている農家もあります。しかし、例年以上に強い冷え込みになったり、予想外のタイミングで冷え込んだりすると、被害が大きくなってしまうのです。

◎皇室献上の柿に打撃

　福島県の会津地方には、「会津身不知柿（あいづみしらずがき）」という、太平洋戦争中を除いて約90年もの間、毎年皇室への献上もされている特産の柿があります。「身の程知らずなほど多くの実をつける」ことが由来とされ、渋抜きすると上品な甘さが楽しめます。ところが今回の凍霜害で、会津身不知柿は多くの新芽を失いました。被害額は1億円を超え生産額の約4割にのぼり、「これまでにない被害」として地元では大きく報道されました。この年の春はりんごや梨などほかの果物も遅霜の被害を受け、福島県全体では農業被害額が2億円を超えています。

◎地球温暖化でさらに注意？

　植物の新芽や花芽は、常に霜に弱いわけではありません。成長の過程で「ここで特に霜が降りると困る」というタイミングがあります。

　地球温暖化が進み、春先の気温がかつてより早い時期から上がり始めると、芽の成長は早まります。一方で、早く気温が上がり始めたとしても気温のアップダウンはあるため、霜が降りる日がなくなるわけではありません。すると、

霜が降りる可能性のある時期の間に、芽が霜に弱い段階まで成長してしまう確率が高くなるのです。

　じつは先ほどの柿も、春先の平年を上回る気温により、例年より約1週間も早く芽が出ていたことが被害を拡大させました。地球温暖化は、今まで以上に農作物が霜の被害を受けやすくなる環境をつくるおそれがあり、農業においては今まで以上の対策を考えていく必要があるのです。

2-5. 家を基礎ごと持ち上げた突風
～同時多発的に発生した竜巻～

　2012年5月6日の昼頃、茨城・栃木・福島の3県にまたがるエリアで同時多発的に竜巻が発生しました。上空に強い寒気があった状態で地上付近には暖かく湿った空気が流れ込み大気の状態が非常に不安定になり、積乱雲が極端に発達したことが原因です。竜巻は各地で木や鉄柵を倒し、トラックを横転させ、家や農業用ハウスも倒壊させました（図2.8）。最も規模の大きかった竜巻は、30 km以上もの距離を移動しながら周囲に被害を及ぼしました。一連の竜巻により、茨城県では約1300棟、栃木県でも約900棟の建物が損壊、けがをした人は50人を超え、1人が亡くなりました。

図2.8　竜巻の被害を受けた茨城県つくば市北条地区の様子（2012年5月6日撮影）（写真提供：つくば市）

◎大雨、落雷、ひょう……激しい現象が続いた大型連休

　この年の5月は、序盤から各地で大雨が相次ぎました。5月2日から4日にかけては動きの遅い低気圧が東海から北海道のあちこちに1日あたり300 mm前後の雨を降らせ、静岡県の天城山では日降水量566.5 mmを記録。雨雲の発達を助長する、暖かく湿った空気が日本付近に流れ込みやすい状況になっていました。

　そこへ5月6日、上空に流れ込んできたのが強い寒気でした。上空5500 m付近で−20℃を下回る、平年より約5℃も冷たい空気です。しかもこのとき日本海には低気圧があり、地上付近では低気圧の反時計回りの風に引き込まれて南からの暖かく湿った空気が流れ込んでいました（図2.9）。上空に寒気、地上付

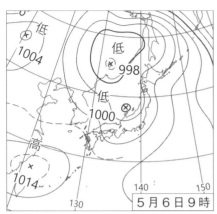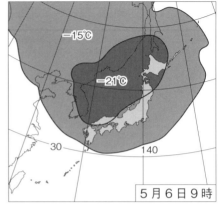

図2.9　2012年5月6日9時の（左）天気図、（右）上空5500m付近の気温

近に暖気という大気の状態が非常に不安定になる構造が"お膳立て"されたところへ、この日は朝から日差しを受けて地上付近の空気が暖められ、さらに積乱雲ができやすい状況となりました。関東・北陸から東北の各地で次々と発生・発達した積乱雲は、次々と激しい現象を引き起こします。各地で激しい雨が降って、水戸市では直径28mm、盛岡市では直径5mmのひょうが降り、富山県では落雷に遭ったとみられる男性が死亡。そして、茨城・栃木・福島県内では竜巻が発生しました。

◎同時多発的に発生した竜巻

　この日発生した竜巻のうち、特に関東では図2.10のように同時多発的に発生したことがわかっています。ほぼ同時刻に、いずれも15km以上の範囲に被害をもたらしていて、これまでに記録のない事態でした。

　なお、気象庁では竜巻とみられる突風が発生した場合には現地調査などを行った上で、表2.2ように分類しています。

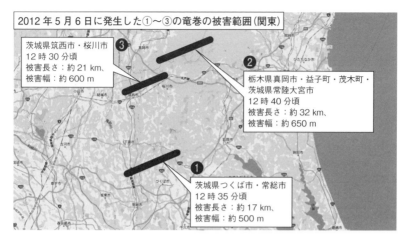

図2.10　2012年5月6日に発生した竜巻の被害範囲（気象庁資料をもとに作成）

表2.2　竜巻とみられる突風の表記（気象庁）

確実さ	評定の確実さによる表記	突風現象の扱い
高 ↑	認められる 推定した 可能性が高いと判断した	現象を結論づけて扱う
低	可能性があるものの特定に至らなかった 特定できなかった	現象は不明として扱う

　今回の事例では、①は竜巻と「認められる」、②は「推定される」、③は「可能性が高い」と判定されました。なかなか歯切れの悪い表現になるのは、竜巻を直接的に観測できていないためです。気象衛星やアメダスなどで観測できない竜巻は、目撃証言や被害状況を手がかりに「竜巻が起きたはず」と推測するしかありません。

◎家が基礎ごと……

　今回の竜巻発生場所のうち、茨城県つくば市では人の命が奪われました。この竜巻は、茨城県常総市内からつくば市内へ時速約60kmで移動しながら、周辺の建物にさまざまな被害を及ぼしました。倒壊したもの、屋根や外壁がはが

れたもの、飛来物により破損したものがある中、木造2階建ての家が上下逆さまになってほかの家に覆いかぶさっているのが発見されます。のちにその木造家屋はコンクリートの基礎（専門的には「べた基礎」）ごと逆さまになっていたことが判明し、研究者や建築関係者を驚かせました。つまり、この木造家屋は竜巻の風によって基礎ごと持ち上げられ、反転させられ、ほかの家の上に落下させられたということになります。竜巻の威力がいかに強かったか、そして、竜巻の原因となった積乱雲がいかに発達していたかがうかがえる事実です。発災時この木造家屋の中にいた男子中学生は、亡くなりました。

◎ "雷六日"？

今回の「不安定」は、竜巻が発生した5月6日だけでは終わりませんでした。翌7日には近畿で局地的な雨、8日も寒気の影響が残り一時的に雨が降ったところがありました。さらに、9日には近畿から東海の各地で雷雨となり愛知県常滑市沖の海上で竜巻が発生。10日は関東甲信を中心に雷雨、結局11日にかけて寒気の影響が続きました。通常、いったん上空に寒気が入り始めると日本付近を抜け切るまでに3日ほどかかるため、「雷三日」といわれます（1-2-8）。ところが今回は、6日から8日にかけて荒天をもたらした寒気が抜けた後、9日から11日にかけて再び寒気が流れ込み、合計で6日間、日本のどこかで「不安定」に起因する雨が降っていたのです。

今回の事例からもわかるように、大気の状態が非常に不安定になると竜巻などの激しい現象が起き、命に関わることがあります。しかしじつは、竜巻の発生に必要な条件やメカニズムは、まだ十分に解明されていません。そのため、竜巻が発生する可能性の高い環境がそろったことを示す雷注意報や竜巻注意情報といった、いわば「間接的」ともいえる情報をもとに身を守るしかないのが現状です。これらの情報については第3章で詳しく解説します。

2-6. 東北・関東で相次いだ山火事
～乾いた強風をもたらすフェーン現象～

　2017年5月8日昼頃、宮城県栗原市の山林で火災が発生しました。近くの住宅にも延焼し、避難指示も出ました。同じ頃、岩手県釜石市の山林でも火災が発生。さらに福島県会津坂下町では住宅火災が山林に延焼し、関東でも栃木県の那須温泉ファミリースキー場周辺の山林から火が出ました。この日、東北を中心に吹いていた強い西風は、日本海側から脊梁山脈を越え、乾いた熱風となって太平洋側へ強く吹き下ろしていました。「フェーン現象」です。前月末から雨が降らず、ただでさえ木が燃えやすい極度の乾燥状態だったところへ吹いた強風は、延焼を引き起こし、消火活動を阻みました。

◎低気圧を中心に広範囲で強風

　山火事が連続した5月8日、北海道の北にあった低気圧の周りでは、反時計回りの強い風が吹いていました。東北や関東は低気圧中心からかなり離れていましたが、天気図を見ると本州の広い範囲で、等圧線の間隔が狭かったことがわかります（図2.11）。この日は関東・東北の各地で、強風や突風の被害も出ていました。特に東北では、等圧線に沿うように強く吹いた西よりの風が、奥羽山脈を越えて谷筋などを吹き下りることでさらに強化され、宮城県栗原市や岩

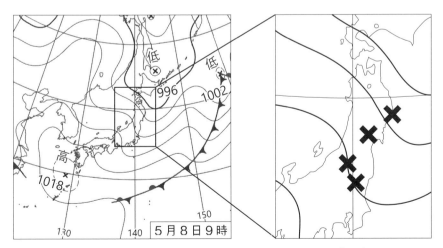

図2.11　（左）2017年5月8日午前9時の天気図、（右）火災発生現場（×印）周辺の拡大図

手県釜石市で5月の観測史上最大の風速を記録しました（最大瞬間風速：栗原市築館20.9 m/s、釜石市25.9 m/s）。

◎続いていた乾燥

この年は、東北から関東の広い範囲で年明けから降水量が平年を下回る状態が続き、さらに宮城・岩手県内のあちこちで1 mm以上の降水がない「無降水日」が4月末頃から連続していました。火災が発生した栗原市と釜石市には気象庁の湿度の観測地点がありませんが、県庁所在地の仙台・盛岡で当日の最小湿度はそれぞれ17％と28％。乾燥が続いていたことで木が内側まで乾いて燃えやすくなっていた上に、当日の湿度も低くて延焼しやすく、火災が広がりやすい条件がそろっていました。

◎困難を極めた消火活動

宮城県栗原市の山林火災では、周りに水田など燃えにくい土地があったにも関わらず、やや離れた場所の住宅まで延焼しました。強風により500 mも飛び火したとみられます。鎮火にいたったのは夜でした。福島県会津坂下町の火災も、翌朝ようやく鎮火しました。

さらに岩手県釜石市では、強風が続いたため県の防災ヘリが近づけず、自衛隊の出動を要請する事態に。空以外からの消火が難しい山林奥部では、鎮火まで約1週間を要しました。この火災での焼損面積は約413 haと、前年2016年に全国で焼失した山林の面積（約384 ha）を上回りました。

◎山に人が入る季節

出火との関連は断定されていませんが、宮城県栗原市の火災現場の近くでは、たき火の跡が発見されています。4月から5月にかけては山の雪が解け、山菜取りやタケノコ掘りで山に入る人が急激に増える時期です。同時に乾燥や強風といった、火災を助長する気象条件がそろいやすい時期でもあります。現代においても、山はいったん燃え広がると人の手に負えないことが多々あります。山に火の気を持ち込まない、山で火を使わないという節度を、一人ひとりが守るしかありません。

2-7.　北海道で 39 ℃超
～初夏の北国にもたらされた記録的暑さ～

　「きょう、北海道の最高気温は 39.5 ℃でした」……そんなニュースを聞いても、最近では驚く人が少ない世の中になってきたでしょうか。2019 年 5 月 26 日、北海道佐呂間町で観測された最高気温 39.5 ℃は、しかしながら観測データに基づく事実を冷静に見れば見るほど、あまりに記録的であったということができます。そもそも、北海道では 5 月に 35 ℃以上の猛暑日になったことがありませんでした。道内全体の記録を 4 ℃以上塗り替えたことになります。さらに全国で見ても、それまで 5 月の最高気温記録は埼玉県秩父市の 37.2 ℃。日本全体の記録も 2 ℃以上塗り替えたのです。この日、日本付近には例年の 5 月にはないような暖かい空気が流れ込み、北海道の一部地域ではその暖気が地形の影響でさらに暖かくなった状態で流入しました。大規模場の要因とローカルの要因が重なり合った場所が、佐呂間町でした。

◎平年より 15 ℃も暖かい空気

　この年の 5 月は、日本付近で偏西風が例年の 5 月よりも高い緯度を流れていました。偏西風は低気圧の通り道であり、寒気と暖気の境目でもあります。偏西風は常に蛇行しながら、そして緯度を南北に少しずつ変えながら流れますが、この年の 5 月は北海道のさらに北まで北上することもたびたびありました。偏西風の南側には夏と変わらないくらい暖かい空気があるため、偏西風が北海道の北まで北上するということは、北海道以南がすべて夏のような空気に包まれてしまうことを意味します。

　さらに、暖気流入を助長したのが気圧配置でした［図 2.12（左）］。5 月 22 日に西日本を覆い始めた高気圧は、勢力を強めて 24 日にはほぼ全国を覆って晴天をもたらしました。晴れて日差しが照りつけるだけでも気温は上がりますが、時を同じくして中国大陸から進んできた低気圧が 26 日にかけて北海道の北を通過し、南に高気圧、北に低気圧という「南高北低」の気圧配置（1-2-3）が続きました。暖気が南から北へ運ばれやすい気圧配置です。暖気が向かった先は北海道。上空 1500 m 付近に流れ込んだのは、平年より 15 ℃も暖かい空気でした［図 2.12（右）］。

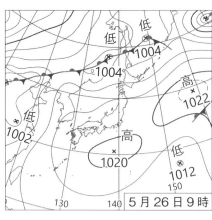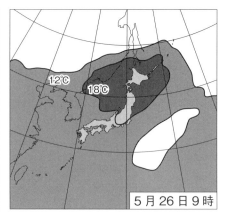

図 2.12　2019年5月26日午前9時の（左）天気図、（右）上空1500 m付近の気温

◎暑さを上乗せしたフェーン現象

　5月26日は午前11時台に帯広で38.3℃を記録し、その時点で国内の5月の観測史上最高となり、すでに記録的な猛暑となっていましたが、これで終わりではありませんでした。

　この日、北海道では広い範囲で西よりの風が吹き、しかも地上から数千m上空まで、西よりの風が吹いていました。西から東へ吹く風は、北海道の中央部にそびえる山を吹き降り、オホーツク海側の地域へ。山を吹き降りる空気は、100 mあたり約1℃ずつ上昇します（フェーン現象）。厳密にはこのとき、降水を伴わない「ドライフェーン」が発生していたと考えられ、風が吹き降りた先のオホーツク海沿岸・佐呂間町では、午前中からすでに35℃を超えていた気温が、午後2時過ぎには39.5℃に達しました（図2.13）。

　季節外れの暑さの中、熱中症とみられる症状で救急搬送される人が相次ぎ、この日は全国で850人、北海道内だけでも65人に達しました。5月という、まだ体が暑さに慣れていない時期に気温が急激に上昇することのリスクがいかに高いかを物語っています。

時	風速(m/s)	風向
1	2.4	南南西
2	0.7	南南東
3	1.8	西
4	1.3	西南西
5	4.4	南西
6	6.2	南西
7	5.7	西南西
8	2.4	南
9	4.3	西南西
10	4.9	西北西
11	2.8	西北西
12	3.9	西
13	4.1	北西
14	5.0	西
15	3.7	西

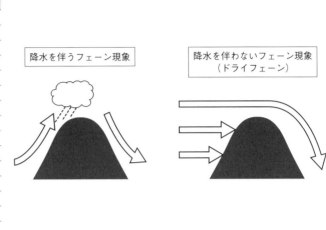

図 2.13　（左）2019 年 5 月 26 日に北海道の佐呂間町で観測された風の様子：明け方から昼過ぎにかけて西よりの風が持続していた。（右）フェーン現象のイメージ

◎暑さでレールが曲がる！？

　佐呂間町で記録が打ち立てられた翌日の 5 月 27 日、引き続き各地で気温が 35 ℃を超える中で、JR 北海道では列車の運休が相次ぎました。理由は「レール変形のおそれ」。鉄でできたレールは、気温が上がると膨張し、逆に気温が下がると収縮します。JR 北海道では毎年 6 月頃、夏の暑さでレールが膨張しても問題ないようレールの継ぎ目の隙間を調整したり、ボルトの締め方を変えたりするなどして対策をしていますが、今回の猛暑はその時期を待たずしてやってきました。この日だけで、特急を含む在来線の 101 本が暑さを理由に運休する異例の事態となりました。

お天気こぼれ話

《 霜と霜柱 》

　植物の葉などについた氷の結晶、霜。そして地面からにょきにょき生えた氷の柱のような霜柱。名前は似ているものの、しくみはまったく違う2つの現象です。

　霜は、空気中の水蒸気が、冷え込んだ朝に冷たい地面や草木の葉に触れた衝撃で凍りついたもの。一方で霜柱は、土の中の水分が凍りながら成長したものです。最初に地表で水分が凍った後、土の中の狭いすき間を吸い上げられるように地中の水分が移動し（毛細管現象）、地表で凍っている部分を押し上げながらさらに凍っていきます。

　霜柱ができるには、地面付近の温度が0℃以下になるという気象学的条件だけでなく、土の性質も重要です。日本の土、特に関東平野に広がる関東ローム層の土は、霜柱ができるのに好条件ということがわかっています。

※ QRコードは霜と霜柱の写真

(霜) (霜柱)

《 竜巻はどっち回り？ 》

　答えは、時計回りも反時計回りも存在します。

　高気圧が時計回り、低気圧が反時計回りと決まっているのは、「コリオリの力」という、地球の自転の影響を受けるためです。しかし、私たちが普段生活をしていて地球が回っていることを感じないのと同じように、竜巻程度のスケールの小さい現象にコリオリの力は働きません。

　日本のような中緯度地域でコリオリの力、つまり地球の自転の影響を受けるのは、水平スケール（東西・南北方向の大きさ）が1000km以上、寿命が半日以上の現象です。竜巻の水平スケールは数百mから数km、寿命は数分から数十分ですから、圧倒的に小さい存在ということになります。

　ただ、そもそも竜巻が発生するきっかけとなる台風や巨大な積乱雲はスケールが大きく、コリオリの力を受けています。そのため、竜巻も台風などの性質を受け継いで反時計回りになることが多くなります。つまり、最初の答えをより正確にすると、「時計回りも反時計回りもあるが、反時計回りが多い」ということになります。

2-8. 激しい雷雨と大粒のひょう
～初夏の東京に「雪景色」～

　上空に寒気が流れ込むと、たとえ穏やかに晴れていても突如として雨が降り出すことがあります。天気予報で聞く「大気の状態が不安定」という状況ですが、「不安定」の度合いには幅があり、ちょっとの雨宿りでしのげる場合もあれば、2-5 で紹介した竜巻や、そのほかさまざまな災害につながることもあります。2014 年 6 月 24 日、この「不安定」により本州付近は関東を中心に広い範囲で荒れた天気となりました。茨城県内では 6 月として観測史上最も激しい雨になったところも。また各地で落雷が起き神奈川県と茨城県では感電によるけが人が出たほか、停電や鉄道の運休も発生しました。さらに人々を驚かせたのが、東京都の三鷹市や調布市で降ったひょうです。大気の状態が不安定なとき、ひょうが降ること自体はさほど珍しくはありませんが、このときは降った量が尋常ではありませんでした。道路が一面真っ白になりトラックが立ち往生したり、多いところでは 30 cm も積もったりするなどして、住民の生活に影響が出ました。

◎悪天候になりやすい気象条件

　6 月 24 日、関東の上空約 5500 m には −12 ℃という、平年より 5 ℃低い寒気が流れ込んでいました［図 2.14（右）］。一方でこの日の関東は曇りがちでじめじめしながらも、雲の間から出た日差しを受け、地上付近の気温は各地で 28 ℃前後まで上昇。地上付近と上空の気温差が大きくなっていました。ただじつは、

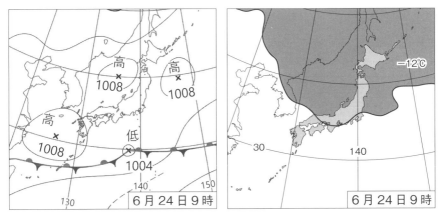

図 2.14　2014 年 6 月 24 日午前 9 時の（左）天気図と（右）上空 5500 m 付近の気温

積乱雲は上下の気温差だけでは発達しません。雲の材料となる水蒸気が必要なためです。今回は「じめじめ」した空気、つまり湿度の高い空気が持つ水分がこの条件を満たしました。この年は6月上旬に九州から関東が続々と梅雨入りしていて、日本の南の海上に停滞していた梅雨前線周辺から本州付近へ、湿った空気が流れ込みやすくなっていました。

◎「不安定」現象、ずらり

この日は関東から東海にかけての地域を中心に、午前中からいたるところで急速に積乱雲が発達し突然の激しい雨を降らせていましたが、まったく雨が降らなかった場所もありました。文字通り「局地的」な雨で、大気の状態が不安定なときの典型的な降り方です。雨だけでなく雷やひょうといった激しい現象が発生した場所もあり、「不安定」が原因で起きる気象現象が目白押しの1日でした。

また、今回上空に流れ込んだ寒気は、3日かけて日本列島を通過していました（図2.15）。1日目の6月23日は東日本上空に少しずつ冷たい空気が入り始め、栃木県佐野市では1時間86.5 mmという観測史上最大の猛烈な雨を観測。2日目には寒気がさらに南下し関東の沿岸まで荒天をもたらしたほか、中国や四国でも雷雨となりました。そして3日目の25日には、東海の岐阜県や静岡県で1時間50 mm以上の非常に激しい雨に。まさに典型的な「雷三日（1-2-8）」です。

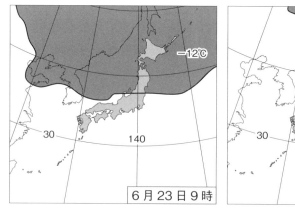
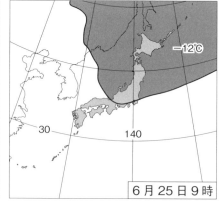

図2.15　（左）2014年6月23日、（右）25日の上空5500 m付近の気温（24日は図2.14に掲載）。−12℃前後の寒気が3日かけて日本上空を通過した

◎ひょうが「積もる」

　今回、東京都内ではメディアで報じられただけでも、三鷹市、調布市、世田谷区、それに練馬区でひょうが降ったとみられます。

　三鷹市では昼過ぎに直径3 cm程度のひょうが目撃され、多いところでは30 cm以上も積もりました。調布市ではひょうで排水溝がせき止められ、ひょうとともに降った雨が浸水被害を引き起こす事態も報告されています。ひょうで一面が真っ白になった光景はさながら雪景色のようで、東京に住む人々に強い印象を残しました。もともと通常の雪ですらまったく積もらない年もある東京都内の平地では雪に対する装備も少なく、初夏に突然現れた「雪景色」は生活に大きな影響を及ぼしました。

◎落雷による人的被害

　日本では毎年、落雷によって感電した人がけがをしたり亡くなったりする被害が出ています。今回、茨城県では工事現場で鉄筋に触れていた作業員が1人、神奈川県では野球場にいた2人がけがをしました。開けた場所にいる人に直接雷が落ちることを「直撃雷」といい、この場合は約8割が死亡するという統計があります（『雷から身を守るには』日本大気電気学会編）。一方、今回の神奈川県の例では、公園の木に落ちた雷が木より電気を通しやすい人体に移る「側撃雷」とみられ、幸い命は助かりましたが、「側撃雷」でも死亡することが多々あります。雷の音が聞こえている間は、運動場や海水浴場など開けた場所を避けることが重要です。また「側撃雷」のように、木など高いところに雷が落ちてから人に移る場合があるため、木のそばからも離れるようにしてください。

2-9.　広範囲で降り続いた歴史的大雨
〜平成30年7月豪雨（西日本豪雨）〜

　2018年6月末、日本列島には気象関係者を震撼させる予報が出ていました。日本海にかかる梅雨前線がこの先10日間も、西日本から東日本の広い範囲に雨を降らせ続けることが予想されていたのです。おそれていたことは実際に起こり、6月28日から7月8日にかけて広範囲で断続的に雨が降って、100を超える観測地点で歴史的な大雨となりました。11府県に大雨特別警報が発表され、いたるところで山や崖が崩れ、川があふれ、200人を超える人が亡くなりました。平成最後の梅雨に発生した平成最悪のこの豪雨災害はのちに、気象庁によって「平成30年7月豪雨」と命名されました。

◎雨を降らせ続けた梅雨前線

　6月28日頃から日本海に現れた梅雨前線は、九州を中心に連日激しい雨を降らせました（図2.16）。29日に発生した台風7号周辺の暖かく湿った空気が流れ込み、前線の活動が活発になっていたためです。台風の北上とともに梅雨前線は北海道付近まで北上し、7月に入ると雨の範囲はさらに広がりました。台風7号は東シナ海を北上し日本海へ進み、7月4日には梅雨前線と一体化するように温帯低気圧に変わりました。そして、このタイミングで北からの寒気に押されるように梅雨前線は南下を始め、7月5日以降、西日本付近に停滞します。上空の気圧配置によって動かなくなった梅雨前線には、南から2つの流れに沿って大量の水蒸気が入りました（図2.17）。1つは平年よりやや北に張り出していた太平洋高気圧周辺の時計回りの風に乗った流れ、そしてもう1つは、対流活動が活発になっていた東シナ海からの流れです。2つの流れは西日本付近で合流し、梅雨前線の活動は活発な状態が維持され、積乱雲が次々と発達し激しい雨が持続しました。

　すでに各地で降水量が記録的になっている中、梅雨前線は何日も停滞し、追い打ちをかけるように雨が降り続きました。気象庁は、これまでに経験したことのないような災害のおそれを知らせるため、大雨特別警報を7月6日に長崎、佐賀、福岡、広島、岡山、鳥取、兵庫、京都の8府県、7日に岐阜、そして8日には愛媛、高知にも発表しました。特別警報の制度開始以来、最多となる11

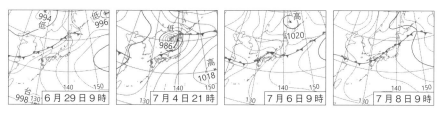

図 2.16　2018 年 6 月 29 日午前 9 時、7 月 4 日午後 9 時、7 月 6 日午前 9 時、7 月 8 日午前 9 時の天気図

府県での発表でした［なお、翌 2019 年 10 月には令和元年東日本台風（1-2-9 のCase 3）の襲来によって、これを上回る発表が出ることになります］。

　6 月 28 日から 7 月 8 日にかけての総降水量は四国で 1800 mm、東海で1200 mm を超え、7 月の月降水量の平年値の 2 倍から 4 倍に達したところもありました。観測記録は 1 時間降水量で見ても 24 時間降水量で見ても多くの地点で史上最大が更新されましたが、特に 48 時間降水量と 72 時間降水量の更新地点はともに 100 を超え、雨の降り続く期間がいかに異例だったかを示しています。全国で 237 人が亡くなり、最も多かった広島県で 115 人、次いで岡山県で66 人、愛媛県で 31 人にのぼりました（2019 年 1 月時点）。雨がやむとともに到来した梅雨明けは、復旧作業に追われる被災地に強烈な暑さをもたらしました。

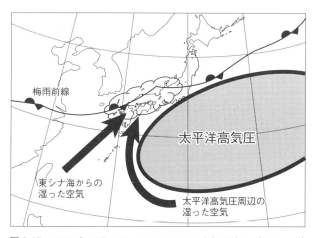

図 2.17　2018 年 7 月 5 日〜8 日における大気の流れ（イメージ）

◎ 100人以上が亡くなった広島県

　今回の豪雨で最も多くの犠牲者が出た広島県では、600を超える場所で土砂災害が発生しました。広島市や呉市、坂町などを中心に、土砂に押し潰された住宅や、道路脇の斜面から襲った土石流に流された車の中で、次々と命が失われました。

　土砂や流木は道路や線路にも大量に流入し、中でも呉市では周辺市町とつながる主要道路の大半と鉄道が遮断され、市全体が孤立状態となりました。給水や物流が滞り、断水が続く中で梅雨明けとともにやってきた厳しい暑さが住民を苦しめました。被害箇所が多く復旧には時間を要したため、物資の運搬やボランティアの移動にはしばらくの間、船が使われました。

　また広島県では、「時間差」の被害も注目されました。雨がやんだ翌々日の7月10日、府中町を流れる榎川が氾濫したのです。豪雨の期間中に橋脚付近に溜まった土砂や流木が川の流れを妨げたことで、水があふれ出したとみられます。府中町では青空のもと、川からあふれた茶色い水で住宅街が一面浸水しました。広島県内では雨がやんだ後に決壊のおそれが出てきた農業用のため池も複数あり、避難指示が長引いた地域が多くなりました。

◎「想定通り」の洪水が命を奪った岡山県

　全国で2番目に犠牲者が多くなった岡山県ではその約8割が、倉敷市内を東西に流れる小田川の氾濫によって亡くなりました。小田川は高梁川という、より大きな川に合流し海に注ぎますが、その高梁川の流域で降水量が多くなり水位が高くなったことで、合流地点でせき止められたような状態になって逆流する「バックウォーター現象」により水位が急激に上昇しました。支流も合わせると8か所で発生した堤防の決壊により倉敷市の真備町地区では地区の3割近い面積が浸水し、全壊家屋は4600戸を超えました。特筆すべきは、浸水で亡くなった人の約9割が自宅にいたことです。その大半が高齢者で、足が不自由などの理由で2階に上がることができず、1階で溺死してしまったとみられます。さらに今回浸水した地域は、ハザードマップに描かれた浸水想定区域とほぼ一致していました。あらかじめ地域のリスクを知り、水が来る前に逃げていれば、これほどまでの犠牲が出ることはなかったかもしれないのです。

◎ダムの役割を超える雨が降った愛媛県

　全国で3番目に犠牲者が多くなった愛媛県では、宇和島市や松山市を中心に400か所以上で土砂災害が発生しました。特に「まさ土（まさど、まさつち）」と呼ばれる、花崗岩質の地層が風化してもろくなった地盤や、砂岩や泥岩の地層が風化した地盤が崩れた地域が多く、宇和島市では亡くなった人が10人を超えています。

　また、大洲市や西予市を中心とした肱川流域ではダムの放流による氾濫が発生し、大洲市では4人が亡くなりました。肱川の上流には野村ダムと鹿野川ダムがありますが、長引く雨により7月6日にはどちらも限界に達していました。ダムは、あらかじめ設定された最高水位に達すると、ダム自体が損傷し甚大な被害を引き起こすのを避けるために、放流量を増やさざるを得なくなります。「異常洪水時防災操作」と呼ばれるこの放流は、ダムから出す水の量を、ダムへの流入量と同等になるまで徐々に増加させる操作です（つまり、それまでに貯めた水を放流するわけではありません）。2つのダムはいずれも大雨に備え事前放流を行っており、野村ダムは通常の1.7倍、鹿野川ダムは通常の1.4倍の水を貯められるよう準備をしていましたが、それでも記録的な雨には太刀打ちできませんでした。放流に先立ち、流域には避難指示が出され、エリアメールや広報車、サイレンなどで発信されましたが、明け方から朝にかけての時間帯だったことや、大雨でサイレンが聞こえなかったことなどから、逃げ遅れた人が多くなりました。

　ダムの事前放流量は適切だったのか、ほかに効果的な避難指示の周知方法はなかったのか。今回の災害後、愛媛県ではさまざまな検証や改善が行われましたが、ダムはもともと洪水を防ぐものではなく、洪水のタイミングを遅らせる、避難の猶予をつくるためのもので、すべてのダムには限界があることに変わりはありません。その限界のレベルは地域ごとの歴史や地形などの兼ね合いによって異なりますが、雨が降り続けばいずれ必ず逃げなければいけない時が来ることを、忘れてはなりません。

◎「見たことのない」ほど大量の水蒸気

　やまない雨が、いつやむのか。特別警報発表後、最新の見通しを伝えるため

に気象庁はたびたび会見を開きました。「なぜこんなに雨が降るのか」という記者の質問に担当官は、とにかく大量の水蒸気が梅雨前線に流れ込んでいると説明します。「見たことのない」大きな値の水蒸気量だというのです。

　一般に、気温が上がると空気中に含むことのできる水蒸気量が増え、一度に降る雨の量は増える傾向があります。歴史的な大雨と被害を受け、気象庁の気象研究所では解析に取りかかりました。注目点は、この雨の原因として地球温暖化は寄与しているのか、もしそうならどのくらいの寄与率なのか。スーパーコンピュータによるシミュレーションが出した答えは、「約6%」でした。温暖化による現在の気温上昇がなかった場合と比べて、平成30年7月豪雨期間中の降水量は約6%増加していたという計算結果です。たった6%と思う人もいるかもしれません。しかし、この6%の上乗せがなければ、観測記録を更新した場所は48時間降水量で見ても72時間降水量で見ても、100地点を切ります。助かったかもしれない命を、最後のひと押しで奪ってしまう。地球温暖化は「危険な雨」を「さらに危険な雨」にすることがわかったのです。

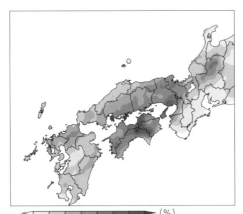

図 2.18　平成30年7月豪雨（6月28日〜7月8日）総降水量の平年比（7月の降水量平年値との比較）。QRコードはカラー表示

◎情報を避難にどうつなげるか

　今回の大雨では、人的被害が出た土砂災害発生場所のうち、発生時刻が特定

できているすべての場所で事前に土砂災害警戒情報が出ていました。また、川の氾濫によって亡くなった人の多くが、ハザードマップの浸水想定区域内にいました。逃げていれば助かった、そんな命を救うにはどうすればいいのか。この問いに完璧な答えは存在しませんが、翌 2019 年 5 月から新しい取り組みが始まりました。大雨など自然災害のリスクを知らせる情報を 5 段階にレベル分けし、それぞれのレベルにおいてすべき行動を明記して、情報を行動に直接結びつけるための制度です。「5 段階の警戒レベル」と呼ばれるこの制度については、第 3 章で詳しく解説します。

2-10.　災害級の暑さを記録
～熊谷で観測史上最高気温 41.1 ℃～

　2018 年の 7 月はほぼ毎日、猛暑か大雨がニュースになる 1 か月でした。人々がそろそろうんざりしてきた下旬の 23 日、気象庁は臨時の会見を開きます。埼玉県熊谷市で 41.1 ℃という、国内の観測記録を塗り替える気温が観測されたのです。会見した担当官は「命の危険がある暑さ」「1 つの災害と認識している」とコメントし、大きく報道されました。この日はちょうど暦の上で二十四節気の「大暑（たいしょ）」に当たり、古くから 1 年で最も暑いとされる頃。いにしえの時候に合わせたかのように打ち立てられた記録に人々は、暑さが命を奪う災害であることを改めて思い知らされることになります。

◎暑いか雨がひどいかの 2 択

　この年の 7 月はほぼ毎日、全国に約 900 ある気温の観測地点のうち半分以上で最高気温が 30 ℃以上の真夏日となっていました（図 2.19）。真夏日地点数が半数を下回ったのは、平成 30 年 7 月豪雨（西日本豪雨）の期間中で特に大雨となっていた 7 月 3 日から 8 日と、大気の状態が不安定になってほぼ全国的に雨が降った 12 日だけです。そのほかの日にもあちこちで雨は降っていますし、複数回にわたり台風も接近していますが、それでも暑さは収まりませんでした。そのくらい、2018 年 7 月の日本は気温が上がりやすい状態になっていました。

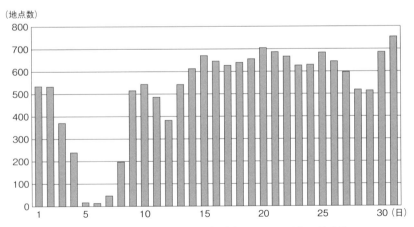

図 2.19　2018 年 7 月の真夏日（最高気温 30 ℃以上）の地点数

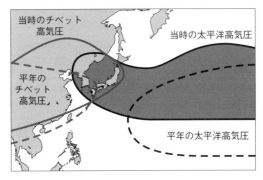

図 2.20　「2 段重ね高気圧」のイメージ。下層の太平洋高気圧と上層のチベット高気圧がいずれも平年より勢力を増して日本付近で重なり合っていた

　全国的な猛暑の最も大きな要因は、上空の気圧配置です。この年の7月は、日本の南の海上に張り出す太平洋高気圧が平年よりも勢力を強め、日本列島へと大きく張り出していました。さらに、上空高いところ（対流圏上層）にある高気圧「チベット高気圧」(1-2-6) も平年より勢力が強く、日本列島へ大きく張り出し、本州付近では2つの高気圧が重なり合う「2段重ね」の状態になっていました（図2.20）。猛暑になりやすい典型的なパターンです。

　また、やや専門的な話になりますが、フィリピン付近では対流活動が普段よりも活発（上昇気流が起きやすい状態）になっていました。こうなるとフィリピン付近で上昇した空気は日本付近で下降し、空気は下降する過程で断熱圧縮といって気温が上がる性質があるため、日本付近の気温はより上がりやすくなります。このように、アジアから太平洋にかけての大規模なスケールで見た気圧配置が、日本を暑くさせる構図になっていたのです。

◎さらに重なった条件

　連日の猛暑だった本州付近では朝晩も気温があまり下がらない状態になっていて、埼玉県熊谷市では23日明け方の気温が28℃を超えていました。そこへ日の出とともに強い日差しが照りつけ、午前7時過ぎには30℃を超え、9時過ぎにはあっという間に35℃を超えました。ここまでは以前にもあったことでしたが、追い打ちをかけたのが風です。熊谷市ではこの日、未明から午後2時まで北西または西北西の風が吹き続けていました。風向きを決めたのは地上の気

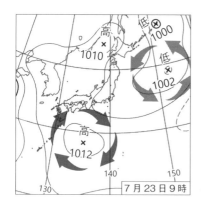

図2.21　2018年7月23日午前9時の天気図（矢印：低気圧・高気圧の周りの風）

圧配置。この日の天気図（図2.21）を見ると熊谷市のある関東平野を挟んで北東側に低気圧、南西側に高気圧がありました。低気圧の周りは反時計回り、高気圧の周りは時計回りの風が吹きますから、関東平野では北西の風が吹きやすい配置です。関東平野にとって北西から吹く風は山地を越えて吹き降りる、暖かく乾いた風になります。フェーン現象です。熊谷市では昼過ぎにかけ湿度が23％まで下がるとともに、気温が41.1℃まで上がりました。

　この日の最高気温は東京都青梅市で40.8℃と東京都内で観測史上初めて40℃を超えましたし、岐阜県多治見市で40.7℃、甲府市で40.3℃と、熊谷市を含めた4地点で40℃を超えました。また全国の観測地点の約4分の1にあたる241地点で最高気温が35℃以上の猛暑日という、異例の暑さになりました。

◎地球温暖化と都市化

　今回、日本の最高気温が塗り替えられた背景には、日本そして世界の気温をめぐる長年の変化も関わっています。地球温暖化によって、長い目で見た世界の平均気温は上昇傾向にあります。世界全体の平均だと100年あたり1℃弱という上がり方ですが、もともと日本は温暖化時に気温が上がりやすい海域にあることから世界平均より上昇ペースは速く、100年あたりで1℃を超えています。さらに東京や大阪、名古屋といった都市部ではヒートアイランド現象が加わり、100年あたり約3℃と世界平均を大きく上回るペースです。

　温暖化が進むと気温が上がるだけでなく、極端な気象現象、つまり極端な気

温変化や極端な雨の降り方の頻度が高くなると考えられています。最新の研究で、2018年7月の猛暑は、地球温暖化がなければ発生し得なかったことがわかっています。私たちは、かつて経験したことのない暑さにも対処しなければならない時代を生きているのです。

◎猛暑は最も死者の多い気象災害

　豪雨による死者数は年々変動が大きいものの、おおむね150人前後の年が多くなっていて、1960年以降、雨が原因で年間1000人以上の人が亡くなったことはありません。これに対して熱中症による死者は多い年で1000人を超えます（図2.22）。ほかの気象現象と比べて暑さは、圧倒的に多くの人の命を奪っているのです。暑さを災害として認識していない人が多いかもしれませんが、実際には、日々対策すべき重大な災害です。

　第3章で詳しく解説しますが、私たちはすでに現在、「高温注意情報」や「暑さ指数」といった、暑さから身を守るための多くの情報を手に入れることができます。ただ、こういった情報は夏になると毎日発表され、特に厳重な警戒が必要な日がいつなのか、いつ何をすればいいのか、伝わりにくいのも現状です。そこで2020年夏からは、これまでの複数の情報を融合させて発展させた、新しい情報「熱中症警戒アラート」の発表が試験的に始まりました。よりわかりやすく、より暑さ対策の行動をしやすい情報を目指して気象庁と環境省が合同で実施し、2021年からは全国に拡大する予定です。

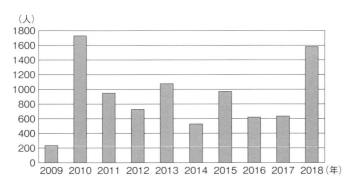

図2.22　熱中症による死亡者数（厚生労働省データをもとに作成）。2010年・2013年・2018年は1000人を超えている

2-11. 一晩で 100 か所を超えた広島の土砂災害
～間に合わなかった注意喚起～

　2014 年 8 月 20 日の明け方、広島市の住宅地を突然、大量の土砂が襲いました。このとき、日本海にかかる前線に向かって暖かく湿った空気が流れ込んでいて、前線の南側にあたる広島でも前日 19 日のうちから雨が降りましたが、明るいうちはしとしとと弱く降る程度でした。しかし、19 日の夜遅くに急に強まり始めた雨は 20 日に入ると猛烈な降り方になり、真っ暗な中で災害の危険度が急激に増していきます。20 日の午前 3 時過ぎ、住宅地の裏手に広がる山のあちこちから同時多発的に流れ出した土砂は、あっという間に家々を飲み込みました。避難勧告が出たのは午前 4 時 15 分。すでに大きな被害が出た後でした。

◎暖かく湿った空気の通り道

　日本海にかかった前線付近には、高気圧の西縁に沿うように、南の海から暖かく湿った空気が大量に吹き込んでいました。風は陸地よりも摩擦の少ない海上で強まりやすく、今回の南風が特に集中して通ったのが、四国と九州の間の豊後水道でした（図 2.23）。豊後水道を通った暖かく湿った空気は雨雲の材料となり、また上空に寒気も入っていたことで大気の状態が不安定になり、積乱雲の発達が促進されました。このように前線が日本付近に停滞する場合、前線に近いところだけでなく、前線に向かう暖湿流の通り道となる場所でも大気の状態が不安定になり局地的な大雨になるリスクがあります。

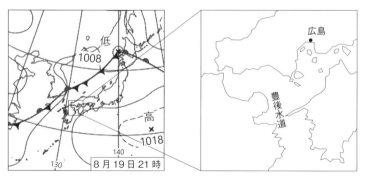

図 2.23　（左）2014 年 8 月 19 日午後 9 時の天気図、（右）広島市と豊後水道の位置関係

◎線状降水帯

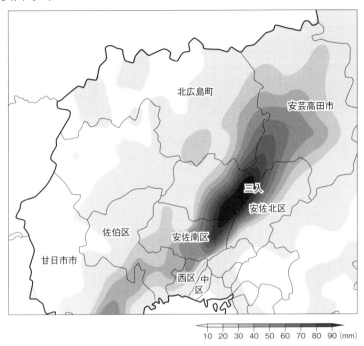

10　20　30　40　50　60　70　80　90 (mm)

図2.24　2014年8月20日午前0時〜6時の積算降水量（QRコードは気象レーダー実況図）

　今回、広島市にかかった雨雲は南西—北東方向に斜めに伸びる、長さ数十km ほどの細長いライン状の降水帯でした。雨雲は数時間、ほとんど場所を動かず同じような場所にかかり続け、狭い範囲に降水が集中しました（図2.24）。広島市安佐北区の三入で観測された24時間降水量は、平年8月の月降水量の約1.8倍にあたる257mm。しかもその大半が午前1時から午前4時の3時間に集中し（図2.25）、ピーク時には1時間あたり101mmの猛烈な雨になっていました（観測史上最大）。このように、ライン状の狭い範囲内に停滞する雨雲を「線状降水帯」と呼びます。線状降水帯の詳しい性質についてはまだ十分に解明されておらず、気象庁における定義も現段階（2020年時点）では、大きさが「長さ50〜300km」で「幅20〜50km」、停滞する時間は「数時間」と、かなり幅のある

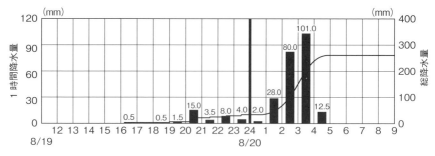

図 2.25　2014 年 8 月 19 日午後 12 時〜 20 日朝の三入（広島市）における降水量

記載となっています。ただし、「狭い範囲に停滞」する雨雲が災害の危険をはらんでいることはわかっていて、実際に今回も甚大な被害を引き起こしました。

　100 を超える土石流やがけ崩れ（図 2.26）が同時多発的に起きた中で救助活動は困難を極め、どれほどの死者・行方不明者がいるか把握できるまでには何日もかかりました。また救助作業中に斜面が再び崩れた地区では、救助隊員も犠牲になっています。この土砂災害で亡くなったのは 74 人、災害関連死も含めると 77 人が犠牲になりました。

　この年の 8 月は台風 11 号の影響で 9 日に三重県で記録的な雨になったほか、26 日にかけて全国各地で次々と大雨被害が発生したことから、気象庁は「平成

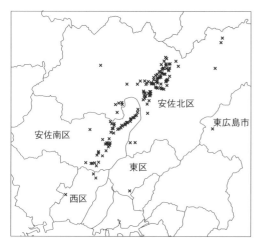

図 2.26　土砂災害の発生か所（国土交通省データをもとに作成）

「26年8月豪雨」と命名しました。

◎崩れやすい土壌に造成するしかない都市

　広島県は中国山地の南斜面に位置し、約70％を山地が占めています。中国山地を源流とし瀬戸内海に注ぐ大河川・太田川の下流部が広島市内を南北に流れ、広島市は川の両側に丘陵地が迫る平地の少ない土地です。高度経済成長期には人口が増加したため、丘陵地の山を削って、山すそを切り開く形で住宅地が造成されました。山を這い上がるように斜面に密集する現在の住宅地は、広島の厳しい土地条件の中で先人がなんとかやりくりを重ねた結果です。しかしその山に、潜在的な危険がありました。中国地方の地盤は広い範囲が花崗岩という岩石で構成されていますが、この花崗岩は雨・風に長年さらされるともろくなり（「風化」といいます）、「まさ土」と呼ばれる崩れやすい土壌になります。まさ土は水がしみ込みやすいという性質も持っていて、ただ崩れるだけでなく水を吸った重い土砂となって家屋を襲います。

　斜面に立つ住宅、そのすぐ後ろにある山、そして足元にはもろく崩れやすい土……、ハード面で防ぎきれない災害の被害を食い止める鍵は早めの避難を含むソフト面の対策ですが、今回は発災の時間帯が避難をより難しくしました。

◎真夜中に出た情報

　大雨により土砂災害の発生が差し迫っていることを知らせる情報が、土砂災害警戒情報（3-2-4）です。土の中に水分が溜まり、がけ崩れや山崩れ、土石流などが発生する可能性が高くなったことを知らせます。今回、広島市に土砂災害警戒情報が出たのは20日の午前1時15分で、発災の2時間ほど前でした。もしこれが昼間であれば、2時間というリードタイムで避難することができたかもしれませんが、夜間では情報に気づく人も少なくなります。行政としても、通常は土砂災害警戒情報が出ると避難勧告などを発令することが多いですが、周囲の様子がわからない暗い時間帯に避難を促すかどうかというのは難しい判断です。じつは土砂災害警戒情報に先立って大雨警報は19日の21時台、つまり発災より6時間も前に出ていましたが、それすらすでに暗い時間帯でした。暗くなった後に事態が急激に悪化するとき、どうすれば身を守れるのか。77人

の命が問いかけています。

◎あらかじめ危険を知らせるために

　警報が出るような事態になる可能性が高いことを事前に知らせるため、2017年5月から「早期注意情報（3-2-1）」の発表が始まりました（創設当時の名称は「警報級の可能性」）。この情報によって、当日夜から翌朝にかけての間に大雨や暴風などの警報が出る可能性が高い場合、夕方までに知ることができるようになりました。さらに台風の接近や強い冬型の気圧配置に伴う現象は数日前から予想ができるため、5日先までの情報も公開されています。しかし、あらかじめ出る情報は予測のずれも加味して広い範囲に出されるため、個々人の早めの避難行動には必ずしもつながらないのが現状です。実際に早期注意情報の開始後にも複数の災害で、多くの人が夜中の大雨災害で逃げ遅れ、命を落としました。時を選ばぬ災害にどう対峙するか、模索が続いています。

2-12．　北海道で相次いだ台風上陸
～普段と違うことが起きる怖さ～

　2016 年 8 月、台風が相次いで北海道を襲いました。始まりは 8 月上旬、台風 5 号が北海道の東の海上を進み、オホーツク海側を中心に 100 mm を超える雨になり、北海道に住む人々を驚かせました。ところがその後、8 月中旬から下旬にかけて北海道には、台風 6 号が接近、7 号・11 号・9 号が順に上陸し、さらに台風 10 号も接近して、8 月の 1 か月間に 5 つの台風が上陸または接近するという、統計史上になかった事態となりました。北海道内では 8 月の降水量が平年の 4 倍を超えたところもあり、十勝・日高地方からオホーツク海側にかけての地域を中心に広い範囲で川の氾濫や土砂災害が発生し、亡くなった人もいます。基幹産業である農業や酪農、そして漁業に甚大な被害が出て、影響は北海道のみならず全国に広がりました。

◎鍵を握る太平洋高気圧

　そもそも、なぜ普段は台風があまり北海道に上陸しないのでしょうか。鍵は太平洋高気圧にあります（図 2.27）。夏から秋にかけて、日本の南の海上には太平洋高気圧が張り出します。高気圧の周りには時計回りの風が吹き、縁辺流とも呼ばれます。台風が太平洋高気圧の縁に近いところで発生すればそのまま時計回りに流されていき、もっと南で発生すれば、まずはコリオリの力（地球の自転の影

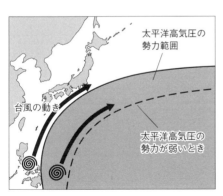
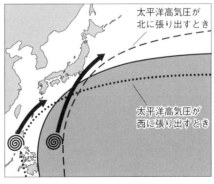

図 2.27　太平洋高気圧の位置・勢力と台風経路のパターン。（左）太平洋高気圧が弱いとき：台風は陸地にあまり近づかない。（右）北や西へ強く張り出すとき：北へ張り出しているときは東日本へ、西に張り出しているときは沖縄や西日本へ。勢力が極端に強いと東シナ海を抜けて日本海へ向かう

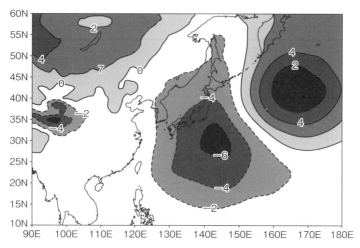

図 2.28　2018 年 8 月の地上気圧（1 か月平均）の平年差。平年より気圧の高いところ（正の値のエリア）が日本の東と西に偏在していて、高気圧が東西に分かれて位置していた日が 1 か月を通して多かったことを示している

響）によってじりじり北上してから、高気圧の風に乗ることになります。縁辺流に乗った後は図 2.27 のように太平洋高気圧の勢力次第で沖縄か西・東日本のどこかへ向かいますが、いずれの場合も北海道に上陸しやすいルートではないことがわかります。

　ところが 2016 年の 8 月、本州の南の海上では奇妙な気圧配置になっていました。高気圧が、東西に分かれるように配置していたのです（図 2.28）。このような気圧配置が一時的に現れることは珍しくありませんが、この年は 8 月の 1 か月間、ほぼ同様の状態が続く異例の事態でした。こうなると、台風がどこで発生したとしても、あまり例のない進み方をすることになります。この夏は、そんな稀有な経路をたどる台風が相次ぎました。

◎ 8 月中旬：6 号接近・7 号上陸

　8 月 9 日に発生した台風 6 号は、日本の東にあった高気圧の縁辺流に乗って北上し、15 日に北海道の根室半島を通過しました。通過直後に温帯低気圧に変わり、台風であった間も勢力は強くありませんでしたが、根室市で最大瞬間風速 24 m/s を観測しました。

図 2.29　2016 年台風 6 号・7 号の経路図（破線は熱帯低気圧または温帯低気圧だった期間、「●」は 1 日ごとの午前 9 時の位置。以降同じ）

　その前日、14 日に発生した台風 7 号は、この年初めて日本に上陸する台風となり、影響の範囲が広がりました。東の高気圧（6 号通過時より勢力を増していた）の縁辺流に乗って北上し、17 日には関東や東北に非常に激しい雨を降らせながら三陸沖を通過し、夕方に北海道の襟裳岬付近に上陸しました。台風が北海道に直接上陸するのは、23 年ぶりのことです。多いところでは 24 時間で 200 mm 前後の雨が降り、足寄川が氾濫して浸水被害が発生。また釧路市では観測史上 1 位となる最大瞬間風速 43.2 m/s を記録しました（図 2.29）。

◎ 8 月下旬：11 号上陸・9 号再上陸・10 号接近

　8 月 19 日に台風 9 号が発生、20 日には台風 11 号が発生しました（なお台風 10 号は速報段階で 19 日発生でしたが、事後解析で 21 日に修正されました）。このうち 11 号は北緯 30 度線よりも北で発生するという、数年に一度しかないような珍しい台風でした。発生緯度が高いということは発生した時点ですでに北海道との距離が短く、すぐに影響が出始めることを意味します。台風周辺の湿った空気が前線付近に流れ込み、北海道では 11 号の発生当日からあちこちで 150 mm を超える大雨に。翌 21 日夜には北海道釧路市付近に上陸し、記録的な雨を降らせ続けました。複数の川が氾濫し、北見市では常呂川の氾濫で水没した車の中で 1 人が死亡。東川町の温泉郷では道路の陥没により約 80 人が孤立しました。

　そこへ間髪入れずにやってきたのが台風 9 号です。22 日昼過ぎに千葉県に上陸して関東各地に記録的な雨を降らせた後、23 日朝には北海道日高地方の新ひ

図 2.30　2016 年台風 9 号・10 号・11 号の経路図

だか町付近に再上陸。これで北海道には同じ年に 3 つの台風が上陸したことになり、統計史上最多となりました。道内各地では再び観測記録を塗り替える大雨となり、白金（美瑛町）では日降水量が 180 mm に。再び各地で川が氾濫して橋が流され、広い範囲が浸水しました。またこの月に上陸したほかの台風より勢力が強かったため、北海道を含む広い範囲で暴風が長引きました。

　過去に経験のない数の台風が上陸し、経験のない雨が降って、地盤が緩んだ状態で追い打ちをかけたのが台風 10 号でした。30 日に岩手県に上陸し甚大な被害を与えた 10 号は、最後に日本海北部へ抜ける際、北海道に 2 日間で最大 260 mm を超える雨を降らせました。道内で 18 の川が氾濫し、流失した橋とともに車が流されるなどして、2 人が亡くなり、2 人が行方不明に。鉄道の線路や電柱、水道管も破損し、多くの道民が普段の生活を奪われました（図 2.30）。

◎基幹産業への打撃

　平年の降水量が少ない北海道にとって、1 日 100 mm の雨でも「大雨」ですが、今回はそれをはるかに上回る“記録的すぎる”雨が続いたことにより、北海道を支える産業が大きな打撃を受けました（図 2.31）。

　台風 7 号・11 号・9 号ともに、上陸時の大雨によって北見市では常呂川流域で氾濫や冠水が発生し、収穫直前だった特産のタマネギが被害を受けました。また十勝地方を中心にジャガイモ、アズキ、スイートコーンなど多くの農産物

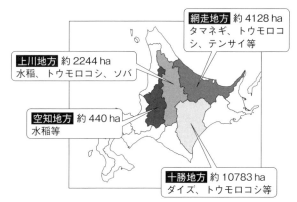

図 2.31　2016 年 台 風 7 号・11 号・9 号による北海道内の主な農業被害と農地の浸水面積（北海道のデータをもとに作成）。QR コードはより詳しい資料

が収穫のできない状態に。農業用ハウスは道南を中心に 1000 棟近くが損壊しました。さらに台風 10 号によって全道で 15 万戸以上が停電し、酪農家は冷蔵保存できなくなった生乳を廃棄するしかなく、その量は道内全体で 200 t を超えました。日本の食卓を支えていた北海道が被災したことで、野菜を中心に全国的な値上がりや品不足につながりました。

◎「ポテチショック」とその後

　台風が北海道を相次いで襲った約半年後、意外なニュースが流れます。「ポテトチップスの品切れ」です。原料となるジャガイモの大半が北海道で生産されるポテトチップスは、ジャガイモ畑が被災したことで生産が止まり、全国の店頭から次々と姿を消していきました。北海道産ジャガイモの旬は秋。8 月の大雨で収穫直前のジャガイモが流されるなどして供給量が減り、九州産ジャガイモが流通する春までの間に在庫が尽きてしまったのです。

　この一件を教訓に、ジャガイモの産地の分散化を進めたメーカーもあります。北海道東部に集中していた供給地を、道内外の各地に広げたのです。これにより災害の場合だけでなく、北海道内の気候が平年と異なることで特定の品種の収穫量が落ちると予想される場合に、他県の契約農場でその品種の作付けを増やすなど、生産体制全体のリスク軽減に役立っています。災害にしっかり備えることで普段の生産性も上がる。ポテトチップスに見られるリスク回避策は、私たち一人ひとりの防災にとってのヒントにもなっています。

2-13.　異例の経路で東北太平洋側に初上陸
～避難の準備とは何かをつきつけた台風 10 号～

　2016 年 8 月 30 日午後 6 時、台風 10 号が岩手県大船渡市に上陸しました。1951 年の統計開始以来、台風が東北太平洋側に直接上陸するのは初めてのことです。岩手県の沿岸地域ではこの日の午後、激しい雨が続き、複数の川で水位が上昇していました。翌朝、宮古市や久慈市を中心とした岩手県内の各地が大規模に冠水している中、岩泉町内で住民の安否確認をしていた警察官が、高齢者グループホームで複数の遺体を発見します。それは、近くの小本川が氾濫し施設が浸水する中、避難が間に合わずに被害に遭った高齢者でした（図 2.32）。台風 10 号はその後、北海道にも大雨をもたらし、全国で 26 人が亡くなりました。そのうち 24 人が岩手県内での犠牲者でした。

図 2.32　氾濫した小本川と、被害の大きかった高齢者グループホームの位置関係（国土交通省資料をもとに作成）

◎異例の経路をたどった台風

　台風 10 号は、速報段階では 8 月 19 日に八丈島付近で発生していました。台風発生の判断は中心付近の風速を推定して行っているため、後日データを見極めて修正されることがあり、この台風についてはのちに 8 月 21 日発生と修正されています。この、実際には熱帯低気圧だった 17 日から 21 日の期間においても、北緯 30 度付近で西へ進むという異例のコースでしたが、その後さらに気象関係者を驚かせる経路をたどることになります。沖縄の南東の海上で "U ターン" したのです［図 2.33（左）］。

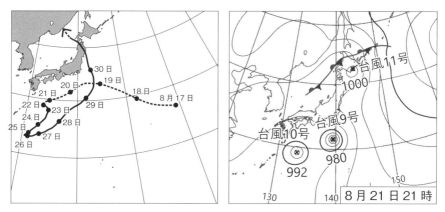

図 2.33　（左）2016 年台風 10 号の経路図、（右）8 月 21 日午後 9 時の天気図

　そもそもの始まりは、通常、日本付近を南から大きく覆っているはずの高気圧が東西に位置していたことにあります。台風を普段通りに動かす風が不在の状態で、この月は台風の発生が平年より多くなっていました。複数の台風がおおむね 1000 km 以内まで近づくと、互いの進路に影響を与え不規則な動きをすることがあります［図 2.33（右）］。さらに、台風 10 号が沖縄付近まで進んだとき、沖縄の南東の海上には反時計回りの渦が発生していました。専門的には「モンスーントラフ」と呼ばれるこの渦は通常、東南アジア付近にあるはずですが、このときは異例の場所で台風 10 号を "Uターン" させます。そして、そのタイミングで北から寒冷渦（1-3）がまるで迎えに来たかのように南下してきました。台風は最後にこの寒冷渦の反時計回りの風に乗り、大きくカーブするように東北へ、そして日本海北部へと抜けていったのです。

　このような異例づくしの経路はさまざまな地域に影響を与えましたが、最も大きかったのは、岩手県へ太平洋側から近づいた点といえます。台風の周りは反時計回りの風が吹いているので、今回の経路では岩手県の沿岸地域には海から暖かく湿った空気が大量に流れ込むことになります（図 2.34）。その空気は岩手県の中心を南北に貫く北上山地にぶつかり積乱雲が発達し、沿岸地域に集中的に雨を降らせました。岩手県内では岩泉町で 1 時間に 70.5 mm、下戸鎖（久慈市）と宮古市でともに 80 mm など観測史上最大の記録が並び、文字通り、これまでにない台風の経路がこれまでにない大雨をもたらしました。

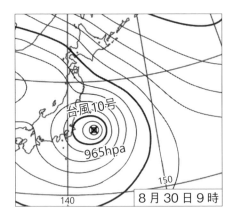

図2.34　2016年8月30日午前9時の天気図。QRコードは気象レーダー実況図の動画

◎山の被害と川の被害が隣接する現場

　岩手県岩泉町では当時、町内のほとんどの川が氾濫していました。細い小川や短い用水路を含め、あらゆる水の通り道から濁流があふれ、さらにその同じ場所で山の斜面がことごとく崩れていたことで、駆けつけた消防や警察の行く手を阻みました。岩泉町は大半が山と川が隣接し、その合間を縫うように民家が建つ、いわゆる中山間地域です。通常、消防隊員などは山の現場用の装備と、洪水や津波で浸水した場所用の装備のどちらかを選んで身につけますが、当時、倒木と土砂でふさがれた道は、同時に浸水もしていました。中山間地域にこれまでにない大雨が降ったとき、いかにして命を救うのか。異例の経路をたどった台風は予報の現場だけでなく、レスキューの現場にも課題を残しました。

◎避難の準備とは何か

　1か所での被害が最も大きかった、岩泉町の高齢者グループホームでは、台風が上陸した8月30日、平屋建ての施設には午後5時半頃に近くの小本川から濁流が入り込み、わずか10分ほどで逃げられないくらいに水かさが上がったといいます（図2.35）。今回の小本川のような中小河川の場合、水位は徐々に上がるのではなく、急激に上昇することが多い傾向があります。当時の当直職員はたった1人。グループホームと同じ敷地内には2階のある建物もありましたが、利用者には重度の認知症の人や車いすを利用している人もいて、自力での避難が

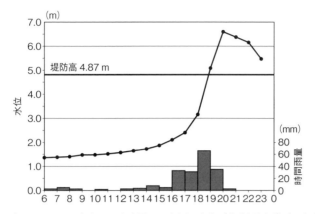

図 2.35　2016 年 8 月 30 日の岩泉町の降水量と小本川の水位（赤鹿観測所）（国土交通省のデータをもとに作成）

難しい人が複数いました。結果的に、亡くなった利用者 9 人のうち 8 人が施設の中で、もう 1 人は流された川で見つかりました。

　この日、午前 9 時にはすでに町内全域に「避難準備情報」が出ていました。これは一般の人が避難の準備をするだけでなく、避難に時間のかかる高齢者や障害のある人、それに乳幼児のいる家庭などではその時点で避難を始めてくださいという情報です。もし、この情報通りに行動していたら、雨が強くなり始める前に避難できたことになりますが、当時、グループホームでは施設長をはじめ誰もその意味を知らなかったといいます。

　この悲劇を受けて、「避難準備情報」はこの年の 12 月に「避難準備・高齢者等避難開始」という名称に変更されました。高齢者など避難に時間のかかる人が避難を「開始」する情報であることを、明確にしたのです。ただ第 3 章で説明しますが、この情報はその後、再び名称が変更されることになります（3-3）。名称さえ変えれば被害が減るとはいえませんが、いざというとき名称だけしか見たり聞いたりする余裕がない場合が多々あるのもまた事実です。悲劇をくり返さないために、正解のない戦いが続けられています。

お天気こぼれ話

《　かぼちゃくらいの大きさ　》

　通常、ひょう（雹）の直径は 5 mm から 5 cm くらいのものが多いですが、稀に驚くような大きさのものが降ってくることがあります。今の気象庁の前身にあたる「中央気象台」が作成した資料「気象要覧」には、1917（大正 6）年 6 月に埼玉県で降ったひょうについて、次のような記述があります。

　　　「雹の塊の最も大きいと思われるものは、中條村大字今井に出張して調査した際に同地の荒物商『角屋』の主人が話した所によれば、300 グラムから 950 グラム前後のものが最も多く、稀にはかぼちゃ位の大きさのものもあり、その大きい物を 1 個拾って持ち帰り、秤（はかり）にかけるまでには多少解けたが、なお 3400 グラムの重さがあったという。」（現代語訳）

　かぼちゃ大のひょうの写真は残念ながら残っていませんが、下図はピンポン玉くらいのひょうの写真です。

一円玉

図　2000 年 5 月 24 日、千葉県に降ったひょう

　写真で一部のひょうには、透き通った半透明の層と白く不透明な層があることがわかります。半透明の部分は、氷の粒であるひょうが落下する途中でいったん解けて液体になった後、再び凍ったものです。雲の中の激しい気流で上昇・下降をくり返すひょうは、凍結・融解・再凍結をくり返し、まるで年輪のように層を重ねることがあります。

《　心の叫び　》

　気象庁では、毎日の天気図を月ごとにまとめた「日々の天気図」という資料をホームページで公開していて、それぞれの天気図にはその日起きた現象などを短くまとめたコメントが添えられています。

　猛暑が続いた 2018 年 7 月の一覧を見ると、特に中旬以降に暑さに関する記述が多く、13 日のコメントは「西～東日本は猛暑」というフレーズで始まり、翌 14 日も「各地で猛暑続く」と、「猛暑」という言葉が続いています。その後 18 日に「岐阜県で 40 ℃超え」、23 日にはついに「最高気温史上 1 位熊谷で」。そしてまだまだ暑さは収まらず、24 日のコメントは「猛暑うんざり」、25 日は「猛暑いつまで？」と続きます。まるで心の叫びのようです。

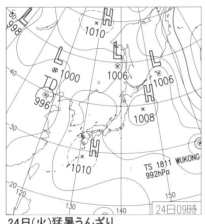
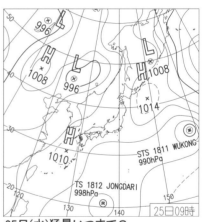

24日(火)猛暑うんざり
高気圧に覆われ西～東日本で猛暑となり岐阜県美濃で39.3℃など全国211地点で猛暑日。一方、北日本は寒気の影響で最高気温が平年より低い所も。台風第12号発生。

25日(水)猛暑いつまで？
広く高気圧に覆われ、全国的に晴れや曇り。午後には東海などで局地的な雷雨。山口の最高気温38.8℃は、1966年の統計開始以来1位。西日本～東海で厳しい暑さ続く。

図　2018 年 7 月 24 日・25 日の天気図と担当官のコメント（QR コードは 7 月 1 か月分）

2-14. 紀伊半島大水害
～特別警報導入のきっかけ・台風12号～

　2011年の9月初め、大型の台風12号が西日本にじわりじわりと近づいていました。北上のスピード
は時速10 km前後と、本州に近づく段階としてかなり遅い速度です。台風が上陸したのは9月3日でし
たが、北上中の段階から台風周辺の暖かく湿った空気が流れ込み続けたことで雨は何日も続き、総降水
量が2000 mmを超えたところもありました。記録的な大雨の中、「深層崩壊」と呼ばれる地盤が丸ごと
崩れる大規模な土砂災害や、大量の土砂流入による「土砂ダム」（図2.36）の形成と決壊の危険性が大
きく報道されました。一連の大雨による土砂災害、川の氾濫、浸水などの被害は全国に広がり、死者・
行方不明者は98人に。この年2011年は3月11日に東日本大震災も発生していて、未曽有の大災害へ
備える必要性が強く認識される中で日本を襲った台風は、気象庁が特別警報を導入するきっかけとなり
ました。

図2.36　斜面崩壊による土砂流入で「土砂ダム」（写真手
前の湖のような部分）が形成された（写真提供：国土交通
省近畿地方整備局）

◎ノロノロ台風で上陸前から記録的大雨に

　台風12号は8月25日、日本のはるか南で発生し、発生の時点ですでに強風
域が500 km以上の「大型」でした。大きな渦巻き状の雨雲を維持しながらゆっ
くりと進んで30日に小笠原諸島付近を通った後、四国へ向かって北上。翌31
日には台風周辺の湿った空気が流れ込んで本州付近で雨が降り始めましたが、9
月に入っても台風はなかなか上陸しませんでした。このとき台風12号は日本の
東にある高気圧の縁辺流（高気圧周辺の時計回りの風）に乗って北へ向かって

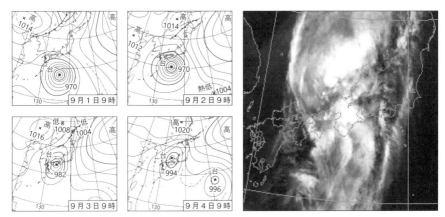

図 2.37 （左）2011 年 9 月 1 日〜 4 日の天気図、（右）9 月 3 日午後 9 時の衛星画像。QR コードは気象レーダー実況図の動画

いましたが、台風の北側にあった高気圧がなかなか動かず、北上をブロックしていたのです。台風は動きが取れにくいままじわじわと北上するほかなく、数日間同じような場所から本州付近に暖かく湿った空気を送り込み続けました（図 2.37）。

　もし、東側の高気圧が少しでもさらに東へ動いていれば台風が北東へ抜ける道が開けましたし、北側の高気圧があと少しでも速く動けば台風は偏西風に乗って一気に日本から離れることができました。しかし、どちらも動かないまま雨が降り続き、9 月 2 日の時点で高知県内では累積降水量が 600 mm を超え、四国ではほかの複数の地点でも観測史上最大の雨を記録しました。そして 3 日、台風 12 号は高知県に上陸します。

◎上陸、そしてさらに長引く大雨

　9 月 3 日午前に高知県東部に上陸した台風 12 号は、引き続き時速 10 〜 15 km 程度と自転車並みの遅いペースで北上しました。3 日夜に岡山県に再上陸、4 日にはようやく日本海へ抜けましたが、その間も激しい雨を降らせ続けました。

　このとき、雨雲は広い範囲にかかりましたが、特に集中的にかかった場所が

和歌山・奈良・三重県からなる紀伊半島でした。図 2.37（右）は台風 12 号が岡山県付近を進んでいたタイミングの衛星画像ですが、陸地にかかっている雲の中で特に白い雲、つまり発達した雨雲がかかっている場所は、台風中心の東側にあたる紀伊半島です。

　台風の風は低気圧と同じ反時計回りなので、紀伊半島には南東から暖かく湿った風がぶつかりました。紀伊半島には海から急激に標高が上がる、急峻な山々が並んでいます。山々の斜面に暖かく湿った風がぶつかると強制的に上昇気流が発生し、雨雲の発達を促進します。台風の動きが遅く暖湿流が持続する悪条件に、その暖湿流の通り道にあたる紀伊半島の地形的特徴が重なり、記録的な雨につながりました。

　図 2.38 は、アメダス観測地点のうち今回の総降水量が最も多くなった奈良県上北山村における記録です。上陸前の 8 月 31 日から雨が降り続き、台風が高知県に上陸した 9 月 3 日にはいったんピークを迎えていますが、台風が離れた後も暖湿流の流れ込みが続いたことで雨は収まることなく降り続いています。今回、1 日あたりの降水量としても最大 661 mm と記録的になりましたが、雨が長引いたことで総降水量は 1800 mm を超えました。同じ上北山村内にある国土交通省の雨量計では、総降水量が 2436 mm に達しています。

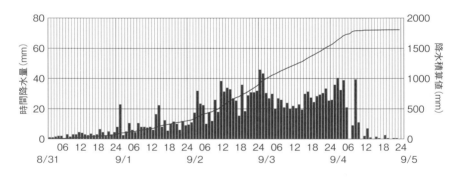

	8 月 30 日	8 月 31 日	9 月 1 日	9 月 2 日	9 月 3 日	9 月 4 日
日降水量(mm)	0.5	67.5	231.0	582.0	661.0	266.5

図 2.38　2011 年 8 月 31 日〜9 月 5 日（9 月 4 日午後 5 時 30 分以降は通信障害により欠測）の奈良県上北山村の降水量。（上）1 時間ごとの降水量（棒グラフ）と積算降水量（実線）、（下）日降水量

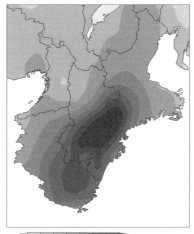

50　100　200　400　600　800　1000　1200 (mm)

図 2.39　紀伊半島を中心とした総降水量分布図（8 月 30 日午後 6 時〜 9 月 5 日午前 0 時）。QR コードはカラー表示

　雨がやまない中、奈良・和歌山県内では大雨警報や土砂災害警戒情報といった、警戒を呼びかける情報が何日にもわたって解除されない状態が続きました。最も長かった奈良県天川村では大雨警報が 6 日（9 月 1 日夕方〜 7 日昼前）、土砂災害警戒情報が 5 日（2 日昼前〜 7 日昼前）も継続していました（図 2.39）。経験したことのない雨は経験したことのない被害を引き起こし、特に土砂災害の発生は 3000 か所を超えました。

◎深層崩壊、そして土砂ダム

　「深層崩壊」とは、山肌表面の柔らかい土砂だけでなく深層の地盤、つまり岩盤部分もろとも崩れ落ちる、大規模な崩壊現象です。雨が長期間続くことが原因となる場合が多く、岩盤の亀裂を通じて深いところにまで水が溜まって地盤が緩み、重さに耐えきれなくなると一気に崩壊します。急峻な渓流域で起きやすい現象で、紀伊半島は元来、地形的に深層崩壊が起きやすいエリアでした。専門的には総降水量が 400 mm を超えると深層崩壊が起きやすくなるという指標もありますが、もちろんどこにでも当てはまる数字ではなく、普段から雨の少ない地域では閾値が低く、多い地域では閾値が高くなると考えられます。紀伊

半島は全国的に見ても降水量が多い地域で、これまで何度も大雨に耐えてきましたが、その「雨に強い土地」も総降水量 2000 mm という壮絶な雨には耐えきれませんでした。

　地盤ごと崩れる大規模な土砂災害は、大量の土砂や流木を生み出します。土砂や流木は家や人を押し流し、川にも流れ込んで水をせき止めました。川が土砂でせき止められ、ダムのように水が溜まった状態を専門的には「河道閉塞」、一般的には「土砂ダム」や「天然ダム」などと呼びます。今回、土砂ダムは奈良県と和歌山県のあわせて 17 か所で発生しました。名前は「ダム」でも、岩や流木が引っかかるように水を止めているだけのもろい場所もあり、ちょっとしたきっかけで水があふれてしまうおそれがあります。このとき形成された土砂ダムの一部はその後の雨で満水になって越流・決壊し、下流の集落が土石流に襲われただけでなく、上流の集落にも段波（階段状に押し返す波）が押し寄せるなど大きな被害につながりました。

　一連の雨がやんだ後も決壊せず閉塞した状態が残った土砂ダムのうち、5 か所はその後大きな被害につながるおそれがあるとして、国土交通省が緊急調査を実施。さらに、満水となった場合に備えた対策工事が行われましたが、警戒区域の指定が解除されるまで数か月かかったところもあり、影響が長引きました。

◎特別警報の誕生へ

　今回の水害に先立ち、気象庁は台風上陸前から、稀に見る記録的な大雨を予想し警戒を呼びかけていました。しかし、大雨警報や土砂災害警戒情報といった既存の情報だけでは、「稀に見る現象」だという危機感が一般の人まで十分伝わらなかったといえます。被害を受けた自治体からは、総降水量の数字だけいわれてもどのくらい危険な状態かわからないという声も多く届きました。

　これを受けて気象庁は、強い危機感をよりわかりやすく伝えるため、2013 年 8 月に気象業務法を改正して「特別警報（3-2-5）」を新設します。これまでに経験したことのないような、重大な危険が差し迫っていることを伝える情報で、大雨のほかにも暴風、大雪、高潮、津波、火山噴火など 9 つの特別警報が定められました。特別警報が発表されたときには、重大な災害が発生する危険性が

高いか、すでに発生している場合もあり、いわば「最後通告」といえる情報です。そして、この新しい情報が、多くの犠牲者を出した災害に端を発していることを、私たちは忘れてはなりません。

2-15. 記録的暴風と記録的高潮、そして関空の孤立
〜「非常に強い」勢力で上陸・台風21号〜

台風は通常、暖かい南の海で発達の最盛期を迎え、本州や四国・九州へは勢力を落としながら接近します。ところが2018年9月4日、徳島県に上陸した台風21号は2日前に発達ピークを過ぎていたにも関わらず、勢力は上から2番目のレベルの「非常に強い」でした（25年ぶりの記録）。上陸前後には西日本から北日本にかけて記録的な暴風が吹き、記録的な雨が降って全国で14人が亡くなり、さらに近畿では記録的な高潮によって広範囲が冠水しました。台風の進行方向右側にあった関西国際空港では、滑走路が冠水しただけでなく、人工島である空港と対岸を結ぶ唯一の連絡橋に、湾内で停泊していたタンカーが風に流されて衝突。利用客ら約3000人が孤立しました。奇しくも開港24年の節目の日に機能が全面停止した関空から人々が救出され始めたのは、翌朝になってからでした。

◎「非常に強い勢力」で上陸

台風は海面水温の高い海域にいるとき、台風にとって「不都合なもの」がなければ発達や勢力維持をすることができます。「不都合なもの」とは、乾燥した空気や鉛直シアなどです。「鉛直シア」はやや専門的な用語ですが、簡単にいうと下層と上層で風速や風向が異なることで、台風を動かす風が強ければたいていの場合、鉛直シアは大きくなります。今回は台風を動かす強い風が存在せず、遅い速度で移動していたこと、そして乾燥した空気も流入しなかったことで、台風は暖かい海から存分にエネルギーを補給して発達しながら進みました。そ

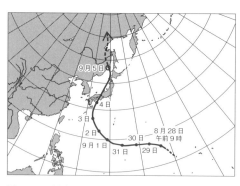 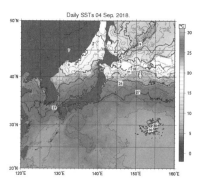

図2.40 （左）2018年台風21号の経路図、（右）9月4日の日本近海の海面水温分布図。QRコードは右図のカラー表示

してこのとき、海面水温の高い海域は日本の南岸まで迫っていました（図2.40）。

◎記録的暴風

　台風21号の接近に伴い、四国・近畿を中心に広範囲で暴風が吹き荒れました。関西国際空港で58.1 m/s、そして和歌山市で57.4 m/s など、全国に900ほどある風の観測地点のうち、100か所で観測史上最大の瞬間風速を記録しています（図2.41）。あちこちでトラックが横転し、近畿を中心に風による飛来物で家屋の損傷が相次ぎました。関西電力管内では1300本以上の電柱が損傷し、延べ約220万軒が停電。降水量も記録的だったため土砂災害や倒木で寸断された道路が復旧作業を阻み、復旧完了までには16日もかかりました。

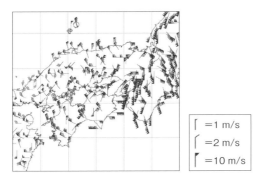

　　　　　=1 m/s
　　　　　=2 m/s
　　　　　=10 m/s

図2.41　9月4日の最大瞬間風速と風向分布図

◎記録的高潮

　海面の高さが通常より高くなる「高潮（1-2-9）」は、台風の中心気圧や風速といった台風自体が持つ要素と、それぞれの湾の向きや満潮時刻といった環境条件によってその度合いが左右されます。今回は台風21号が非常に強い勢力で上陸して吸い上げ効果も吹き寄せ効果も大きかった上に、近畿や四国では満潮に向かう時間帯に台風の接近が重なりました。特に風が吹き込む向きに湾が開いていた場所を中心に記録的な高潮が発生しています。近畿や四国の6地点で観測史上最高潮位となり、特に大阪（図2.42）と神戸では57年ぶりの記録更新となりました。

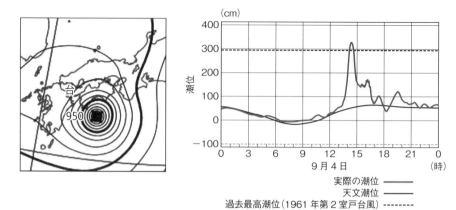

図 2.42　2018 年 9 月 4 日の（左）午前 9 時の天気図と（右）大阪で観測された潮位

◎関空の機能停止

　関西国際空港のある大阪湾には台風接近当時、複数の船が停泊していました。台風の強風に備えて錨を降ろしていましたが、そのうち 1 隻が流されていき、人工島である関空と対岸を結ぶ唯一の橋である関空連絡橋に衝突しました。2500 t を超えるタンカーです。この衝撃で連絡橋は橋桁が大きく壊れ、通行できなくなりました。

　一方で関空内では高潮による冠水も発生していて、滑走路は閉鎖。陸路と空路が断たれ、当然ながら海はしけで海路も使えず、関空は文字通り孤立しました。電気も止まり真っ暗な中、限られた食糧や毛布などの物資だけで、利用客や従業員など約 3000 人が夜を越しました。

　今回のように、船が錨を降ろした状態で風に流される現象を「走錨」といいます。運輸安全委員会の調査では、連絡橋に衝突したタンカー以外にも、当時大阪湾では走錨を起こしていた船が少なくとも 20 隻あったことがわかっています。

◎多岐にわたる教訓

　関空連絡橋の道路は片側 3 車線ずつの計 6 車線あり、タンカー衝突で崩落したのは片側の 3 車線分だけでしたが、一見通れそうな道路も、現地で安全確認

をしなければ車を通すことはできません。ところが、この現地確認ができない事情が発生していました。ガス漏れです。関空のライフラインである水道管やガス管は連絡橋に沿って設置されていますが、タンカー衝突によりガス管も損傷していました。あたりにガスが充満し、ふとしたきっかけでも火災につながるおそれがある状態で、連絡橋に立ち入ることはできません。ガス濃度が下がるまで半日待たざるを得なかったことで、孤立した空港からの脱出は翌朝に持ち越されました。このガス管は、阪神・淡路大震災が二度起きたとしても耐えられるように設計されていましたが、まさか2500tを超える鉄の塊が直接ぶつかることまでは想定していません。

　道路だけでなくガス管まで破損したことで長引いた被害。何かが想定を上回って発生するときは、別の何かにも大きな影響があり、複合的な災害になり得る。今回の台風の教訓の一つです。

2-16.　去った後に拡大した「塩害」
～厄介な置き土産が多かった台風 24 号～

　台風は接近・上陸時を中心に雨や風などの被害が生じますが、去ってから何日も経ったタイミングで被害が拡大することがあります。その拡大の幅が特に大きかったのが 2018 年の台風 24 号です。9 月 30 日の夜に和歌山県に上陸した台風 24 号は移動速度を上げて本州を駆け抜け、翌朝には東の海上に抜けて温帯低気圧に変わりました。台風は上陸前も、そして上陸後に本州を通過する間にも記録的な大雨や暴風、高波・高潮などをもたらしましたが、台風が離れて数日が経ってから認識された災害が「塩害」でした。停電、鉄道の運休、それに農作物や樹木の被害など、「塩水による害」はさまざまな分野に及びました。

◎大雨、高潮、そして暴風被害

　9 月 21 日にマリアナ諸島近海で発生した台風 24 号は、海面水温の高い海域を進みながら急速に発達しました。28 日から 29 日にかけては非常に強い勢力で沖縄に接近。沖縄では最大瞬間風速が 50 m/s を超え、50 人以上の人がけがをしました。この頃、つまりまだ台風が沖縄付近を進んでいた時点から本州各地では猛烈な雨が降り始めます。本州付近に停滞していた秋雨前線が台風の北上とともに本州に近づき、さらに台風周辺の暖かく湿った空気が流れ込み、前線の活動が活発化したためです。和歌山県の潮岬では降水量が 1 時間あたり 82.5 mm、1 日で 270 mm と、いずれも 9 月として観測史上最大になりました。30 日夜には和歌山県に上陸。この時点では「強い」勢力になっていましたが、それでも翌朝に海上へ抜けるまでの間、本州付近の各地に猛烈な雨と猛烈な風、猛烈なしけをもたらしました（図 2.43）。

　今回の台風により最大瞬間風速の記録が更新されたのは沖縄から東北の 55 地点（統計期間 10 年以上）にのぼり、日降水量は九州・四国・東海の各地で 9 月として最も多い記録になって、平年の 9 月 1 か月分を上回ったところもありました。全国で 4 人が亡くなっています。海では高波だけでなく高潮も発生し、鹿児島、和歌山、三重、静岡の 4 県 6 地点で観測史上最大の潮位となりました。

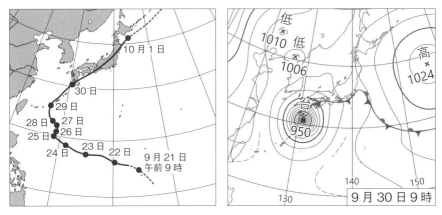

図2.43 （左）2018年台風24号の経路図、（右）9月30日午前9時の天気図

◎首都圏初！ JR計画運休は大混乱

今回、JR東日本としては初めてとなる計画運休が実施されました。

9月30日、JR東日本はまず、この日の午後8時以降に首都圏すべての在来線の運行を取りやめることを決め、正午頃からホームページや駅の電光掲示板などで告知を始めました。しかし、わずか8時間では情報が行き渡らず、この日の時点ですでに混乱が起きていました。さらに、翌10月1日の朝については一部路線を除き始発から通常運転すると発表していましたが、当日午前4時になって全線での運転見合わせに変更。直前の変更発表となった上に週明け月曜日というタイミングも重なって、複数の駅に通勤客が押し寄せるなど大きな混乱が生じました。

一定エリアの鉄道を事前に告知した上で運休させる「計画運休」というワードは近年、世間に浸透しつつあります。2014年10月にJR西日本が公共交通機関として初めて行った計画運休は、その後も主に台風などの影響が大きいと予想される際に実施されてきましたが、住む人も移動する人も日本一多い関東では一筋縄にはいきません。今回の事例は、大都市圏で人々の行動を大きく左右する鉄道運行をいかにスムーズに防災につなげるか、課題を残す結果となりました。

◎時間差で続出した鉄道運休と停電

　台風の通過時、関東を中心とした地域へは海からの風が吹き込みました。波しぶきを立てて海から強く吹く風は、陸に海水を吹きつけます。

　台風24号が去って4日後の10月5日、東京と千葉を結ぶ京成電鉄では電線からの出火が相次ぎ、朝9時半頃から全線で運転が休止しました。後々わかったことには、海水が付着した配電設備がショートしたことが出火の原因でした。塩分を含んだ海水の付着により、配電線の絶縁機能が低下し微弱な電流が流れてショートし、送電線や変圧器のあちこちが焼損して変電所をダウンさせた結果、運休は終日続くことになりました。影響は45万人以上に及んだといいます。京成電鉄ではパンタグラフなどほかの設備も海水の塩分で損傷し、部品の交換や清掃作業はその後2か月近くを要しました。

　今回、塩害が原因の鉄道運休は首都圏のJRや東武鉄道でも発生したほか、電線がショートすることによる停電は千葉県や静岡県でも発生し、特に静岡県の停電は広域かつ長期にわたりました。また、電線から火花が飛ぶ様子は東海から関東の広い範囲で目撃されています。通常、電線などに海水が吹きつけられても同時に雨が降っていれば洗い流されます。しかし、雨が小康状態になった後も暴風が長引いたり、台風が雨雲とともに去った後の吹き返しの風で海水が付着した場合は、そのまま残って塩害につながることがあります。今回は台風のコースと地形の兼ね合いで、「塩」が残ってしまった地域が多くなりました。

◎農作物の被害、そして秋の楽しみも奪われる

　塩水である海水は、植物の大敵です。海から陸に吹きつけられた塩水は沿岸地域の畑にも及んでいたため、葉物野菜を中心とした農作物が枯れる被害が各地で発生しました。千葉県や神奈川県では、台風の雨・風そのもので枯れる野菜が相次いだだけでなく、大根やキャベツなどが塩水の付着により変色して枯れてしまいました。

　また、街路樹や景勝地の植物の葉も、関東を中心とした各地で茶色に変わり枯れているのが目撃されています。塩害で葉が落ちてしまった木々は当然、紅葉することはなく、観光地でも打撃を受けました。

◎サクラ咲く！？

　台風が去った数日後から、全国のあちこちで「桜が咲いている」という目撃情報がメディアに寄せられました。もともと秋に咲く品種の桜もありますが、このとき咲いたのは大半が、本来春に咲くソメイヨシノでした。春に咲く品種でも稀に「不時現象」といって季節外れに咲くことがありますが、「稀に」起きる現象が重なったにしてはあまりに数が多すぎます。

　春に咲く桜の花芽は前年の夏期に形成されますが、枝に葉がついている間は成長を抑制するホルモンが花芽へ送り込まれているため、葉が落ちる冬を越した後でなくては咲くことはありません。しかし、今回は台風通過時の暴風や塩害により多くの葉が落ちてしまいました。これによりホルモンの送り込みが止まり、成長を抑制されることがなくなった花芽は、次々と開花したと考えられます。

　なお、秋に一度咲いたソメイヨシノの花は、次の春に再び咲くことはありません。ただ、このとき開いた花は木1本あたりで見ればごく一部で、翌春のお花見への影響はほとんどありませんでした。

2-17.　火山由来の大地を崩した台風26号
～伊豆大島で国内最大の雨を観測～

　2013年10月16日の未明、伊豆大島の大島町消防本部に「近所の家が我が家に突っ込んできた」という情報が入りました。状況確認に向かった消防隊員は、道路を流れる大量の水と流木に行く手を阻まれます。消防本部には「家が流されている」「消防車両も動けない」など信じられないような報告が次々と届きました。このとき、台風26号がまさに伊豆大島に向かって北上していて、島内では猛烈な雨が降り続いていました。しかし、夜間ということで避難勧告を出すのはかえって危険だという判断のもと、防災無線で警戒を呼びかけるに留め、夜明けを迎えます。朝日とともに浮かび上がったのは、島最大の集落である元町地区が土砂に飲み込まれた光景でした。このとき降った雨は6時間降水量として日本の観測史上最大となり、24時間雨量は824mmと平年10月の2.5倍に達しました。大島町では36人が亡くなり、未だ3人が行方不明となっています。

◎関東にとっては「10年に一度」の台風

　台風26号は10月10日夜、日本のはるか南のマリアナ諸島付近で発生、13日夜には大型で非常に強い勢力まで発達しました（図2.44）。北上しながら進路をやや東よりに変え、関東を含む広い範囲に影響が出ることが予想される中、気象庁は15日午前に会見を開き、「関東に接近・上陸する台風としては10年に一度の強い勢力」と警戒を呼びかけます。

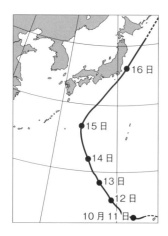

図2.44　2013年台風26号の経路図

　気象庁が強い危機感で会見に臨んでいた15日、伊豆大島でも雨は降り始めていましたが、日中のうちに激しく降ることはありませんでした。雨の降り方が変わったのは16日に日付が変わる直前から、1時間降水量は倍増していき、16日に変わって未明には1時間100 mm前後の雨となって、台風最接近の午前6時頃にかけて何時間も続きました。15日午後11時から16日午前5時までの6時間雨量は549.5 mm。国内の観測史上最大の記録です。

　今回の台風は、中心よりも北側に雨雲が集中していました（図2.45）。特に16日未明の伊豆大島付近では、北側の関東平野で強い雨が降ったために吹き出した冷たい空気と、南に迫る台風周辺から流入した暖かい空気とがぶつかり、活発な雨雲が維持され猛烈な雨が続きました（図2.46）。伊豆大島では台風接近前の15日から増えつつあった降水量が16日の接近直前にピークを迎え、中心付近が通過するとともに急速に天気が回復していきました。伊豆諸島を抜けた台風26号はその後、関東周辺にも大雨をもたらし、関東と静岡であわせて4人が亡くなっています。全国での死者・行方不明者は43人、被災家屋は7000棟以上と、甚大な被害を残しました。

図2.45　10月15日午後9時の（左）天気図と（右）衛星画像。台風中心よりも北側に雨雲が広がっていたことがわかる

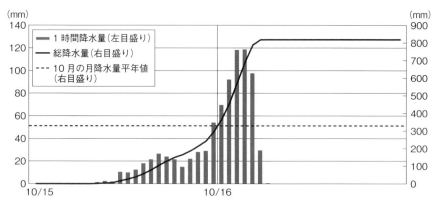

図2.46　2013年10月15〜16日大島町で観測された降水量。QRコードはレーダー実況図の動画

◎活かされなかった情報

　15日の午後6時過ぎ、まだ雨が激しくなる前の段階で気象庁は大島町に土砂災害警戒情報を発表し、大島町役場にファックスを送りました。すでに降り始めから100 mmを超えた状態でこの後台風本体が近づき、土砂災害の危険が非常に高まることを知らせる情報でした。しかしこのとき、役場職員は翌日午前2時からの参集に備え、全員が退庁していたのです。気象庁からの情報がようやく認識されたのは日付が16日に変わる頃で、まもなく2時台には土砂災害の目撃情報が入り始め、対応に追われる中で町役場を含む広範囲が停電。非常電源は一部の機器にしかつながっておらず、それまでに収集した情報も参照できない状態での災害対応となりました。

◎火山が作った大地

　伊豆大島は、東京都心から南に約120 kmの海に浮かぶ伊豆諸島最大の島です。周囲は約52 km、中央には標高758 mの活火山である三原山がそびえ、島全体が東京都大島町の町域です。1986年の三原山噴火の際には、島民の大部分にあたる1万人以上が約1か月の島外避難を余儀なくされ、その後に防災計画も作られましたが、火山噴火に備えるものであり、大雨対策ではありませんでした。

　火山噴出物が地盤の大半を構成する土地で土砂災害が起きやすいことは一般

的に知られていますが、今回の災害の原因が地盤にあったのか、それとも雨の降り方にあったのかはわかっていません。しかし、伊豆大島の平年の年間降水量は約 2800 mm と、もともと雨の多い場所であり、過去に大雨災害の記録もあります。備えが必要だったことはいうまでもありません。

◎島では特別警報が出ない？

　この年の 8 月に始まったばかりの特別警報は「府県単位の広がり」を持った記録的な大雨などが対象で、面積の小さい島しょ部には事実上、大雨特別警報が出ないしくみでした。もちろん、特別警報が制定されたことで従前から存在する情報のレベルが下がったわけではなく、気象庁としても当初から「特別警報を待たずに早めの行動を」と呼びかけてきたので、特別警報が出なかったために住民が避難せず被害が大きくなったと断言することはできませんが、それでも、異常事態が起きていることを知らせる情報が何かあれば、結果が違っていた可能性は否めません。

　これを受けてまず気象庁は、島しょ部の市町村長と直接電話をつなぐ「ホットライン」を強化しました。小さな島であっても 50 年に一度レベルの大雨が観測された場合は気象庁や気象台から速やかに市町村長に知らせる態勢を整え、あわせて「○○島では 50 年に一度の記録的な大雨が降っています」という短い情報を発表します。「今まさに記録的な雨が降っている」という事実だけを端的に素早く伝える情報で、2014 年 5 月に沖縄県の石垣島で初めて発表されて以降、その都度テレビ放送でも速報で伝えられています。

　さらに、特別警報をより絞り込んだ範囲で出せるよう、2016 年 7 月からは 5 km×5 km の格子で「50 年に一度」の大雨になるかを判断し、10 格子以上で条件をクリアすれば発表することになりました。これによりおおむね市町村ごとに発表できるようになりましたが、面積 91 km² ほどの伊豆大島で特別警報を出すにはまだハードルがあります。そこで、たとえ面積の小さい島しょ部であっても特別警報が出せるよう、1 km×1 km 格子おおむね 10 個ごとに発表有無を判断するしくみが導入されました。2019 年 10 月に伊豆大島を含む伊豆諸島北部で試験的に運用が始まったこのしくみは、2020 年 7 月から全国に適用されています。

　一連の制度変更は単にソフト面の改善ではなく、予報技術の進歩に支えられています。いつ・どこで・どのくらいの雨が降るのか、より正確により前もって予測できるよう、そしてその情報が命を守ることにつながるよう、今この瞬間も技術が磨かれ続けています。

2-18.　統計史上初！超大型で上陸
～ "秋らしい" 大雨と暴風をもたらした台風 21 号～

　2017 年 10 月下旬、秋雨前線が停滞する日本列島に台風が接近していました。超大型で非常に強い台風 21 号です。台風周辺の暖かく湿った空気が流れ込んで秋雨前線の活動が活発化し、上陸前から本州の各地で大雨になりました。そして 23 日午前 3 時、台風は静岡県に上陸。この時点で勢力は 1 つ下の「強い」ランクとなっていましたが大きさは「超大型」のままで、1991 年に上陸時の大きさの統計を取り始めて以来、初めてのことでした。近畿から東北の広い範囲で大雨となって土砂災害や川の氾濫が発生し、暴風によりライフラインが途絶する地域が相次ぎました。記録的な雨と風により 8 人の命を奪った台風はその後、温帯低気圧として再発達し、北から強い寒気を引き込みます。北海道で 10 月としては記録的な積雪となったほか、関東の山にも平年より早い冬の便りが届きました。

◎居座っていた秋雨前線

　この年の 10 月は本州付近に秋雨前線がかかる日が多く、特に中旬以降は本州南岸に停滞して雨の日が続いていました。そこへ台風 21 号が次第に北上（図 2.47）。秋雨前線と台風の組み合わせは、非常に危険なパターンです（1-2-10）。台風周辺の暖湿流によって前線の活動が活発になり、上陸 2 日前の 10 月 21 日の時点で早くも雨の降り方が激しくなり、暖湿流が山にぶつかる紀伊半島では日降水量が 200 mm を超えたところもありました。22 日には台風本体の雨雲が本州付近にかかり、23 日に入る頃には雨の中心は東北へ移っていきましたが、総降水量は最も多いところで 900 mm に迫りました（表 2.3）。近畿や東海を中

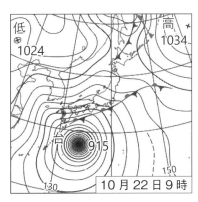

図 2.47　2017 年 10 月 22 日午前 9 時の天気図

表2.3 2017年10月21〜22日の降水量

	1時間降水量の最大値	日降水量		21〜22日合計
		21日	22日	
新宮（和歌山）	72.5 mm	356.5 mm	532.0 mm	888.5 mm
尾鷲（三重）	90.5 mm	208.0 mm	586.5 mm	794.5 mm

心に全国30か所以上で降水量が記録を塗り替え、住宅が土砂災害に巻き込まれた人や、帰宅途中に車ごと水没した人が亡くなりました。大阪と高野山（和歌山）を結ぶ私鉄の南海電鉄高野線は、このときの大雨が原因で不通となった区間の運転再開までその後5か月あまりを要しました。

◎「超大型で強い」上陸

台風が「超大型」とは風速15 m/s以上の強風域がかなり広い（半径800 km以上）こと、そして勢力が「強い」とは中心付近の最大風速が33 m/s以上ということです（1-2-9）。風速15 m/sは風に向かって歩けなくなり看板が外れるほどの強さで、そのようなリスクの高いエリアが半径800 km以上にわたり広がっていたことになります。さらに中心付近では屋外での行動が極めて危険となるレベルの暴風となっていますので、今回は台風21号によって雨だけでなく風の影響も大きくなりました。神戸市では最大瞬間風速が45.9 m/sに達し、住宅に被害が出ています。また滋賀県大津市では風速が観測記録を更新した地点があり、市内でJRの電柱が9本も折れました。今回は近畿や北陸など、台風の中心よりも北側の地域で風速の記録を更新した地点が多く、秋雨前線の北側にある高気圧と台風との間で等圧線の間隔が狭くなり風が強くなりやすいという、秋台風の特徴をよく表しています。

なお、今回のように雨・風両方の被害が甚大となる台風は珍しくありません。「雨台風」「風台風」と限定できる台風の方が少なく、台風接近時は多くの場合、一度に複数の現象に備える必要があるのです。

◎選挙と台風が重なった週末

今回、本州付近の広い範囲で雨や風がピークとなった10月22日は、衆議院

議員選挙の投開票日でした。投票所に小中学校の体育館を使う自治体は多いですが、こういった施設は大雨時の避難所でもあります。各地の自治体では選挙事務と避難所運営を同時に、そしてマスコミも選挙報道と台風報道を同時に行うことになりました。また、投票箱を船で輸送する必要のある離島では、台風で海が荒れると船を出せないため、離島での投票終了日時をくり上げる自治体が相次ぐなど影響が広がりました。

◎寒気流入で「台風のち雪」

　台風21号は上陸前から移動速度を上げつつあり、静岡県に上陸した23日のうちに福島県沖まで移動し温帯低気圧に変わりました。低気圧の後ろ側で「西高東低」の冬型の気圧配置となった北海道には、この時期としては強い寒気が流れ込みました（図2.48）。道内各地で広く雪が降り、札幌と帯広では平年より早い初雪に、阿寒湖畔では正午に0 cmだった積雪が夜までに23 cmに急増し、10月として観測史上最大の記録となりました。また北海道から関東甲信の多くの山で初冠雪を観測し、群馬県の武尊山では平年より10日早い冬の便りとなりました。

　もともとこの時期は、本州付近を低気圧が通過すると、その後に冬型の気圧

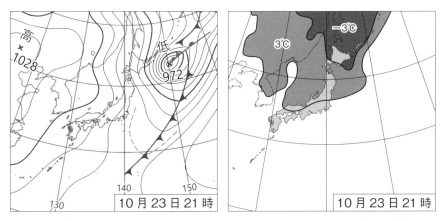

図2.48　（左）2017年10月23日午後9時の天気図と（右）上空1500 m付近の気温。北海道上空には季節を1か月ほど先取りした寒気が流れ込んだ

配置になって寒気が流入します。まだ 10 月なので冬型の気圧配置は持続せずに
すぐに緩みますが、低気圧の通過と一時的な冬型というサイクルをくり返すこ
とで季節が進み、一雨ごとに気温が下がるように感じられることから「一雨一
度」という表現があります。今回、その低気圧の役割を台風から変わった温帯
低気圧が果たし、しかも発達していたために寒気を引き込む力が強くなりまし
た。10 月に台風が上陸するのは統計上、5 年に一度程度の割合でしかなく、平
年より遅めに上陸した台風が平年より強い寒気を呼び込むことになりました。

　さらにこの月は 28 日から 29 日にかけても台風が本州に接近しました［図 2.49
（左）］。30 日には北海道の東へ進み温帯低気圧として再発達し、強い冬型の気
圧配置に［図 2.49（右）］。寒気が流れ込んで冷え込み、翌 31 日には関東甲信で
初霜が観測されました。

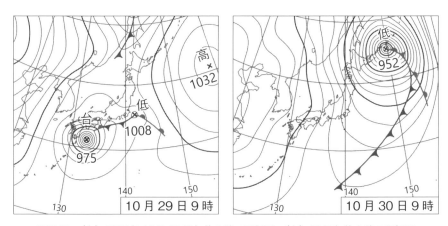

図 2.49　（左）2017 年 10 月 29 日午前 9 時の天気図、（右）30 日午前 9 時の天気図

2-19.　晩秋の都心で雪！
～南岸低気圧で史上最早の積雪～

　2016 年の勤労感謝の日、日本の上空には真冬並みの寒気が流れ込みました。北海道では札幌の最高気温が−1.7 ℃、東北では仙台と福島で初雪となりました。この強い寒気が居座った状態で翌 11 月 24 日、現れたのが南岸低気圧です。関東の南海上で発生したこの低気圧は、関東甲信の広い範囲に雪を降らせました。東京では 54 年ぶりとなる 11 月の初雪となり、横浜や水戸など関東各地で平年より大幅に早い初雪を観測。東京の初雪は解けずに積もり、11 月としては観測史上初めての積雪となりました。南岸低気圧による関東の降水は、真冬であっても雨になることがあり、雪となるにはさまざまな条件が重なることが必要です。今回は 11 月という異例のタイミングで条件がそろい、鉄道を中心に交通機関に影響が出たほか、転倒や交通事故によるけが人も相次ぎました。

◎真冬並みの寒気

　11 月 23 日は冬型の気圧配置が強まり、上空に寒気が流れ込みこんで北海道から東北の日本海側で吹雪となりました。青森県の酸ケ湯では 1 日で積雪が 25 cm 増加。寒さも厳しく、北海道内は 173 の観測地点のうち 165 地点で、最高気温が 0 ℃未満の真冬日となりました。

　寒気は翌 24 日の朝にかけて日本付近に留まり、上空 1500 m 付近で 0 ℃のラインが関東沿岸にかかっていました（図 2.50）。ここへさらに複数の条件が重なり、東京都心で雪が降ることになります。

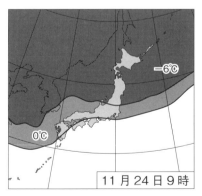

	24 日 9 時　上空 1500 m 付近気温（平年比）
稚　内（北海道）	−18.7 ℃（−10 ℃）
館　野（茨　城）	−4.4 ℃（−7.1 ℃）

図 2.50　2016 年 11 月 24 日上空 1500 m 付近の（左）気温分布と（右）主要観測地点の観測値

◎南岸低気圧の発生

　24日午前3時、関東の南の海上に低気圧が発生し、発達しながら東へ進みました（図2.51）。低気圧周辺の反時計回りの風は関東では北東の風、つまり北側の寒気をさらに南下させる向きで吹きます。このとき低気圧が発達したことで関東沿岸では北東風が強まり、寒気を一層引き込みました。また今回、低気圧は関東の陸地から少し離れたところを通っていましたが、その降水域は低気圧中心よりも北側にかなり広がっていました。北から引き込まれた寒気と降水域が重なって、降るものが雨でなく雪となったエリアが、関東甲信でした。

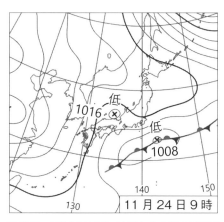

図2.51　2016年11月24日午前9時の天気図

◎雨は夜明け前に雪へ

　24日の都心は未明から雨が降っていましたが、気温が低下するとともに午前6時過ぎからみぞれに変わり始めました。「初雪」は完全な雪でも、雨が混じった状態のみぞれでも発表されますので、この時点で54年ぶりに11月の初雪が観測されたことになります。平年と比べても40日も早い初雪です。さらに気温は下がり続け、午前9時には雨が混じらない雪となり、見通しも悪くなりました。その後もみぞれと雪が交互に降りながら、午前11時には千代田区にある気象台の露場（観測のための敷地）で積もり始めました。観測における「積雪」とは

表 2.4　2016 年 11 月 24 日に関東甲信の主な地点で観測された積雪。都心を含む各地で初雪かつ記録的な積雪となった

観測地点	積雪の深さ	11 月としての記録
東　京	0 cm（積雪状態）	観測史上初の積雪
水　戸	1 cm	観測史上 1 位の深さ
千　葉	2 cm	観測史上初の積雪
熊谷（埼玉）	6 cm	観測史上 1 位の深さ
長　野	12 cm	観測史上 2 位の深さ

露場の半分以上が雪に覆われた状態を指し、たとえ 0 cm でも「積雪」です。11 月に都心で積雪が観測されるのは 1875（明治 8）年の観測開始以来、初めてのことでした（表 2.4）。都心で雪がやんだのは夕方になってからで、その間、気温が 3℃ を上回ることはありませんでした。

◎北極から流れ出す寒気

　今回、11 月としてはかなり強い寒気が日本付近に流れ込んだのには、前日に日本付近で冬型の気圧配置が強まったためだけでなく、より大きなスケールの現象が関わっていると考えられます。

　北半球で最も冷たい空気は北極周辺の上空にありますが、この空気は北極周辺に留まって溜め込まれることもあれば、日本のような中緯度地域へと放出されることもあります。寒気の蓄積と放出は交互にくり返され、「北極振動」と呼ばれます。北極振動の周期は一定ではなく、蓄積や放出の期間は 1 週間ほどで終わることもあれば月単位で続くこともあり、放出される寒気の強さも毎回異なります。日本への影響が大きい現象であるにも関わらず、予測が難しい現象の 1 つです。

　この年の 11 月、特に下旬は北極周辺の寒気が放出されているタイミングでした。日本付近へ強い寒気が流れ込みやすくなった一因とみられます。このように、異例の気象現象が発生する際には、日本付近だけでなく地球規模での変化に留意すべき場合があります。

お天気こぼれ話

《 台風の名前 》

　気象庁では毎年1月1日以降、最初に発生した台風を1号として、その後は発生順に番号をつけています。一方、台風は国境を越えて影響を及ぼすため、北西太平洋から南シナ海にかけて複数の国で共通して使えるように「アジア名」をつけることにしていて、台風は常に号数とアジア名の2つの名前を持ちます。アジア名は140個の名前リストの中から順に選んでつけることになっており、リストは日本や韓国、フィリピンやミクロネシアなど14の国と地域がそれぞれ10個ずつ提案しています。日本が提案している名前は「ヤギ」や「クジラ」など、すべて星座の名前に由来するものです。台風の年間発生数の平年値は25.6個ですから、おおむね5年に一度、同じ名前が回ってきます。ただし、大きな災害をもたらした台風などは以後リストから外し、別の名前と入れ替えます。

　このような制度は2000年に始まったものですが、それ以前にも台風にカタカナの名前がついていたのを記憶している人もいると思います。戦後しばらくの間、アメリカ空軍がつけた台風の呼び名を日本でも報道などで使っていたことがあり、カスリーン台風やアイオン台風などがそれに当たります。台風の名にも「歴史あり」です。

《 初もの 》

　秋から冬にかけての時期、各地の気象台が観測するものに、「初」がつく4つの項目があります。初霜、初氷、初冠雪、初雪です。初霜は気象台の露場（観測のための敷地で芝生になっている）でそのシーズンに初めて霜が降りること、初氷は露場に置いた容器の水が初めて凍ること、初冠雪は気象台から見える山の頂上付近が雪などで白くなっているのを初めて確認できたことで、いずれも気象台の職員が実際に目で見て確認します。このような人の目による観測を、「目視観測」と呼びます。初雪はそのシーズンに初めて降る雪またはみぞれのことで、以前はすべての気象台で目視観測をしていましたが、現在は機械でも同等の精度で観測できるようになり、大部分の気象台では人から機械に交代しました。

2-20. 800世帯以上が孤立した大雪
～温暖な地域だからこその災害～

　2014年12月5日、冬型の気圧配置と強い寒気によって日本海側の広い範囲で雪が降り、太平洋側にも雪雲が流れ込み仙台から鹿児島の各地で初雪や初冠雪の発表が相次ぎました。積雪が最も深くなったのは北日本ですが、最も影響が大きく出たのが徳島県です。国道では約130台の車が立ち往生し、雪による倒木などで道路が寸断され最大で800世帯以上が孤立。うち約650世帯は孤立が丸2日以上に及び、孤立地域の大半では電気や水道などのライフラインも絶たれました。

◎重なった悪条件

　この年の12月は1か月を通して冬型の気圧配置の日が多く、寒気が流れ込みやすい状態が続きました。12月5日には一段と強い寒気が南下し、上空5000 m付近で−24℃の寒気が四国や紀伊半島を覆いました（図2.52）。平年より約8℃も冷たい空気です。全国の広い範囲で雪が降って、5日から6日にかけては東北や北陸、山陰などの各地で50〜100 cmほど積雪が増えました。

　寒気が強いときには日本海側だけでなく、山を越えて太平洋側まで雪雲が流れ込むことがよくありますが、このときは徳島県で雪の量が多くなる原因が重

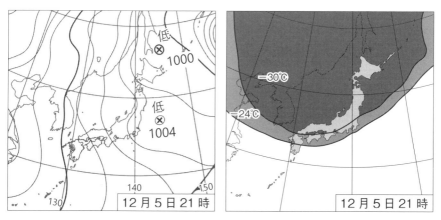

図2.52　（左）2014年12月5日午後9時の天気図と（右）上空5000 m付近の気温

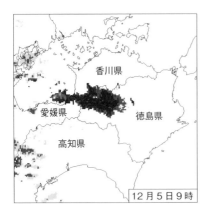

図2.53　2014年12月5日午前9時のレーダーの様子。徳島・愛媛・香川の県境付近にエコーが集中していることがわかる。QRコードは12月5〜6日のレーダーのカラー表示

なりました。1つは、日本海で発生した雪雲が太平洋側の四国まで流されてきただけでなく、さらに瀬戸内海でも雪雲が発生したこと。そしてもう1つは、愛媛・香川との県境付近の谷筋や山岳地形で雪雲が強化されたことです。雲が風とともに山間部を抜けていくとき、その風向きと地形の兼ね合いによって、雲がより発達することがあります。このため特に徳島県西部には発達した雪雲が集中的かつ持続的にかかりました（図2.53）。

◎湿った重い雪

　今回降った雪はさらさらとした乾いた雪ではなく、水分を多く含む重い雪でした。湿った雪が電線や樹木に付着すると停電や倒木の原因になります（着雪障害）。今回、徳島県では5日のうちから東みよし町内など複数か所で集落の孤立が発生しましたが、孤立解消のために除雪だけでなく倒木の撤去も必要となったことで作業に時間を要しました。電柱を巻き込みながら倒れた木などを自衛隊が出動して伐採し、すべての孤立が解消したのは10日の昼過ぎでした。また広範囲で停電も続き、住民は厳しい寒さに苦しみました。雪国では"標準装備"ともいえる石油ストーブや薪ストーブを持つ住宅は温暖な徳島県では少なく、電気が使えなければ暖房が使えないという住民が多い中、連日氷点下の冷え込みに耐えなければなりませんでした。

　今回の大雪では、山間部で雪上に倒れていた 2 人の死亡が確認されたほか、孤立していた集落では（停電との関係は断定されていないものの）心臓に持病のあった 1 人暮らしの高齢女性が病死しました。四国では徳島県を含め、これまで大雪による人的被害はかなり少なく、徳島県では前年の 2013 年 1 月にも山間部で大雪となりましたが人的被害はありませんでした。温暖な地域を襲った大雪は文字通り、経験したことのない被害を残しました。

◎くり返し起きる災害に備えて

　山間部の孤立が長期化した一方で主要道では、この年の 2 月に長野県や山梨県で発生した大雪による車の立ち往生を教訓に改正された法律（2-24 で後述）が、初めて適用されました。11 月に施行された改正災害対策基本法では、大規模な災害で立ち往生が発生した場合、放置車両を持ち主の許可なく道路管理者（国道なら国土交通省）が強制的に撤去することができます。

　今回は徳島県と愛媛県を結ぶ国道 192 号で 5 日未明から積雪が増え、明け方の段階でトレーラーなど約 130 台が立ち往生していました。国土交通省は午前のうちに 192 号の約 38 km にこの法律を適用し、車両の移動と除雪を開始。この日のうちに移動を完了し、翌朝には通行止めを解除することができ、交通が麻痺する期間の短縮化につながりました。また広島県と島根県を結ぶ国道 54 号でも約 60 台の立ち往生が発生したため、同様に車両の移動と除雪を進め、24 時間以内に通行止めが解除されています。過去の災害の教訓が活かされた結果です。

◎何 cm 積もっているか、わからない！？

　大雪と立ち往生を受け、テレビ局などは一斉に中継などで徳島県の状況を報じ始めましたが、ここで徳島が温暖な県であることに起因する問題が発生しました。雪がどこで何 cm 積もっているのか、わからなかったのです。

　徳島県内には気象庁の観測地点が 11 か所ありますが、そのうち積雪を観測できるのは、徳島市中心部（気象台の敷地内）の 1 か所のみ。気象台からの委託で三好市内と東みよし町内にそれぞれ 1 か所ずつ積雪を測っている場所がありますが、今回最も雪が多かった場所からは離れていて、いずれも観測

された積雪は0〜6cmに留まっていました。各テレビ局では、目撃者やレスキュー隊員からの「あちこちで30cmくらい積もっていた」「山の方は積雪60〜70cmだった」といった断片的な情報をもとに放送するしかありませんでした。

　気象庁の積雪計は全国に約300か所（2020年時点）、毎年雪が積もる地域では密に設置されていますが、温暖な四国や九州のほとんどの県では気象台の敷地内にあるのみです。各地に国土交通省や自治体が設置する積雪計もありますが、いずれも全国を網羅することはできていません。観測機器の維持にはコストがかかり、雪が少ない地域ではどうしても優先度が下がります。

◎新たな雪の情報

　積雪計がない場所でも雪の状況を把握できるようにするため、気象庁は2019年、新たに「解析積雪深」と「解析降雪量」の分布の発表を開始しました（3-5-2）。数値モデルで計算された雪の情報をもとに、近くに観測地点がある場合はその観測データで補正をし、全国の雪の状況を毎時約5kmメッシュで表示するものです。これにより、これまで積雪計がないために情報が手に入らなかった場所でもある程度の実況がつかめるようになり、私たち市民が行動を決める手助けになるとともに、道路を管理する側にとっても通行止めなどの判断がしやすくなると期待されています。

2-21．糸魚川大規模火災
～年の瀬を襲ったフェーン現象の脅威～

　2016 年 12 月 22 日、新潟県糸魚川市で大規模な火災が発生しました。火元はコンロの火を消し忘れた
ラーメン店で、強風による飛び火や延焼が発生し、木造建物が密集する商店街一体に燃え広がりました。
強風の原因は、日本海で発達した低気圧です。鎮火まで 30 時間を要した大規模火災は 120 棟を全焼。
年の瀬でおせちの注文を受けていた料亭や、忘年会の需要に沸いていた酒蔵も焼け、焼損面積は 3 万
m^2 を超えました。市街地における火災としては、1976 年に山形県で発生した「酒田大火」以来、（地震
による火災を除いて）40 年ぶりの規模となりました。

◎低気圧の発達、そしてフェーン現象

　12 月 22 日は日本海で低気圧が発達し、低気圧の中心に向かって南風が強く
吹き込んでいました。「春一番（1-2-1）」が吹くときと同じような気圧配置で（図
2.54）、本州付近では広い範囲で南風が強まり、太平洋側から脊梁山脈を越えて
日本海側へ吹き降ろしていました。山を越える前に雨を降らせ水分を落とした
風は、乾いた状態で山を吹き降りながら昇温し、日本海側へ。上昇・下降に伴
う空気の温度変化は乾燥している方が大きくなるため、水分を含んだ状態で山
を登りながら気温が減少した幅よりも、乾いた状態で山を降りながら上昇する
幅の方が大きくなります。フェーン現象です。この日、日本海側では九州北部
から北陸の各地で、12 月としては記録的な暖かさとなりました。

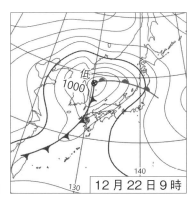

図 2.54　2016 年 12 月 22 日午前 9 時の天気図

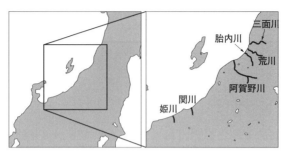

図 2.55　新潟県内で「だし風」が発生しやすい主な川の位置。姫川は糸魚川市内を流れ日本海へ注ぐ。新潟県では阿賀野川など複数の川の流域で南風が強まりやすいことが知られている

　さらに新潟県糸魚川市付近では、山を吹き降りるときに風が谷筋で強化され、局地的に風が一層強まっていました。この地域では特に南よりの風が強くなりやすい地形となっていて、姫川の流域であることから「姫川だし」と呼ばれます（図 2.55）。「だし」は風のことで、古くから日本各地で主に山から海へ向かう風を意味する言葉として使われています。この日、糸魚川市では明け方から夜まで平均風速 10 m/s 前後の南風が持続し［図 2.56（左）］、最大瞬間風速は 24.2m/s に。「乾燥して・暖かく・強い」という、火災を助長する悪条件がそろった風が持続したことで、たった 1 軒から始まった火災は午前中のうちに飛び火し、昼過ぎにはまたたく間に北へ広がって海岸へ近づき、夕方には延焼面積が 3 万 m² を超えました［図 2.56（右）］。

◎「燃えやすい」街並み

　今回の火災現場は、JR 糸魚川駅の北に広がる古い街並みで、木造建物が約 9 割を占める地域でした。しかも昭和初期に建てられた、木材が露出したタイプの（専門的には「裸木造」と呼ばれる）建物が多く、幅 4 m 未満の狭い道路も多いため、延焼しやすく消防活動のしづらい街並みです。建物と建物の間に延焼を防ぐ公園のようなオープンスペースも少なく、火の手は海岸付近に到達するほど拡大しました。糸魚川市消防本部が持てるほぼすべての消防力を投じても消し止められず、県内外の 19 の消防本部から、当日だけでも 38 台の消防車両と 175 人の消防職員が駆けつけました。最終的に 120 棟が全焼、部分的に焼

時	風速 (m/s)	風向	気温 (℃)
1	1.2	西北西	8.2
2	0.9	西南西	10.7
3	6.8	南	15.2
4	8.7	南	15.1
5	5.7	南	15.0
6	9.9	南	15.6
7	12.0	南	15.7
8	11.2	南	15.7
9	13.4	南	16.8
10	13.8	南	17.6
11	12.6	南	18.9
12	13.3	南	19.4
13	12.0	南	20.0
14	10.7	南	19.7
15	8.8	南	18.8
16	9.7	南	19.9
17	11.1	南	19.7
18	12.2	南	19.4
19	12.7	南	20.5
20	8.2	南	18.0
21	2.2	南南西	15.3
22	1.2	南	15.2
23	0.7	東北東	14.3
24	6.3	西	13.5

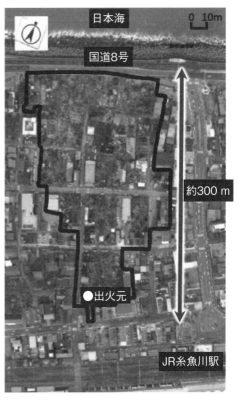

図 2.56　（左）2016 年 12 月 22 日に糸魚川市で観測された風速・風向・気温。南風（南から北へ向かう風）が持続し、昇温していた。（右）火災の焼損範囲（画像提供：糸魚川市消防本部）。糸魚川駅付近から日本海へ向かって約 300 m も延焼した

けた建物も含めると 147 棟が焼損しています。亡くなった人はいなかったものの、消防隊員 15 人を含む 17 人がけがをしました。

◎復興とともに進む「火災に強いまちづくり」

　糸魚川は昭和年間だけでも大規模な火災を三度も経験していて、特に 1932（昭和 7）年の被災エリアは今回の火災と重なる部分が多くありますが、木造家屋が 9 割を占める地域は、日本で決して珍しいものではありません。今回の被災後、糸魚川ではもとの街並みへの復旧に留まらず、火災に強い街を目指して復興計

画を進めました。道路は拡幅され、延焼を食い止めるための公園や広場ができ、耐火基準を満たした建物も増えました。また、農業用水や消雪用の井戸水、それに海水といった、地域固有の水資源を消火に活用するための取水施設も設けられました。糸魚川での被害とその後の取り組みは他人事ではなく、全国各地の歴史ある街に教訓を残しています。

2-22. 南国に現れた"冬" ～沖縄本島で観測史上初の雪～

　2016年1月24日の午後10時半頃から約15分間、沖縄本島北部の名護市でみぞれが観測されました。気象庁の観測開始以来、沖縄本島で雪が観測されるのは初めてのことです。これに先立ち久米島でもみぞれが観測されていて、沖縄県全体としては1977年2月に久米島で観測されたみぞれ以来、39年ぶり史上2回目の雪となりました。同じ日、奄美大島（鹿児島県）の名瀬でも雪を観測。奄美地方として115年ぶりの雪となりました。

◎数十年ぶりの寒気

　日本付近に北から寒気が流れ込むときの気圧配置は、西高東低の冬型（1-2-14）です。通常は、日本付近を通過した低気圧が北海道のさらに東の海上まで進んで発達し、西からは大陸のシベリア高気圧が張り出して、気圧が西で高く東で低い「西高東低」となります［図2.57（右）］。それが今回、低気圧が日本の南の海上を進み、そのままさほど緯度を上げずに日本の南東の海上で発達、西高東低の縦じまが南へ偏る構図となり、沖縄から西日本にかけて記録的な寒気が流れ込むことになりました［図2.57（左）］。場所によっては数十年に一度しかやってこないような、強烈な寒気です（図2.58）。気温が10℃を下回る日が年に1回あるかどうかという沖縄県内の各地において、この日はほぼ全域で1桁の最

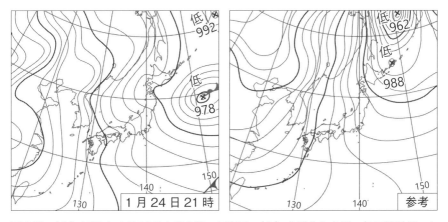

図2.57　（左）2016年1月24日午後9時の天気図。（右）典型的な冬型の気圧配置だった2018年1月26日午前9時の天気図

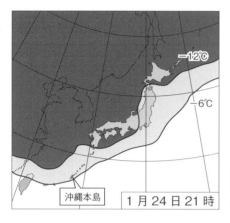

図2.58 2016年1月24日午後9時の上空1500m付近の気温。雪が降る目安の寒気（−6℃）が沖縄本島より南まで南下

低気温を観測し、複数の地点で観測史上最低を記録。また九州の平地でも氷点下の気温となり、佐賀では−6.6℃と73年ぶり、鹿児島では−5.3℃と39年ぶりの冷え込みとなりました。普段は水道管凍結とあまり縁のない九州ですが、この極端な冷え込みにより全県で水道管の凍結が発生して破裂・損傷が相次ぎ、断水が長期化して給水のため自衛隊が出動した地域もありました。広い範囲で雪も降り、西日本の平地でも積雪、長崎では100年を越える観測史上で最大となる17cmの積雪を記録しました。

◎これまでに記録された雪は

今回の雪が降るまで、沖縄県内で観測記録のある雪は、1977年2月17日に久米島で降ったみぞれのみでした。気象庁の基準では、みぞれでも「降雪」があったと分類され、このときは未明に5分間ほどみぞれが観測されています。そのほかにも「雪が降った」という情報が新聞社やテレビ局に寄せられたことはありますが、公式の観測記録ではありません。

また、琉球王朝時代までさかのぼると、王朝の歴史書である『球陽』に何度か雪の記録があり、中には雪が降っただけでなく積もったという記述もあります。こちらも気象観測としては公式の記録とはなりませんが、長い歴史の中で雪の記述が10回に満たないということは、いずれにしても「有り得ないわけではないがかなり珍しい」現象だということができます。

◎魚が仮死状態！？

　沖縄では1桁の寒さになるようなとき、浜辺で不思議な光景が広がることがあります。低すぎる水温で動けなくなった魚が、潮の満ち干のタイミングによって、浜に打ち上げられるのです。死んでいるわけではなく、いわゆる「仮死状態」なので、その場で拾われ食べられなければ、海に戻ってもと通り泳ぐことができますが、高級魚が打ち上げられていることも多く、拾いに来る人は多いようです。今回も沖縄県内では波打ち際で魚拾いをする親子連れなどの姿がみられ、魚とともにタコやカニなどの収穫があったと報道されています。

2-23.　3 日前からわかっていた記録的大雪
～平成の"福井豪雪"～

　2018 年 2 月 6 日、連日の雪となっていた福井市で、積雪がついに 130 cm を超えました。地元で「56豪雪」と呼ばれる昭和 56（1981）年の大雪以来、37 年ぶりの事態です。その後も雪は降り続き、福井県内各地でこの月の最深積雪は大野市九頭竜で 301 cm、越前市武生で 130 cm など、観測史上最大となりました。北陸は雪が降って当たり前と思う人もいるかもしれませんが、平地で 1 日あたり 40 cm 前後も降る状態が数日間続くのは異例です。除雪が追いつかないまま平年の 7 倍ほどの雪が積もり、JR などの公共交通機関は運休、高速道路も通行止めとなり、残された大動脈である国道 8 号には約 1500 台の車が立ち往生して解消に 3 日を要しました。動けない車の中で凍死するなど県内で 12 人が亡くなり、雪下ろしなどで 100 人以上がけがをしたほか、物流のストップにより小売店の店頭は品薄になり、ガソリンスタンドで給油ができなくなるなど生活に大きな影響が出ました。

◎強い寒気と雪雲の収束

　この年の 2 月 3 日、立春を目前にして日本海北部を進んできた低気圧は、後ろに強い寒気を引き連れていました。低気圧が通過するとき後面の北風とともに寒気が流れ込むのは通例ですが、このときやってきたのは北陸の上空約 5500 m 付近で約 −40 ℃ という、平年より 10 ℃ 以上も低い寒気でした（図 2.59）。2月 4 日から続いた冬型の気圧配置で、北日本から西日本の日本海側では広い範囲で雪が降り、普段雪が少ない九州や四国でも積もりました。

　中でも特に雪が強まったのが、北陸でした。雪を降らせていたのは日本海に並ぶ筋状の雲ですが、それぞれの筋は常に等間隔に並ぶわけではありません。風向きによって雲と雲が少し離れているところもあれば、集中するところもあ

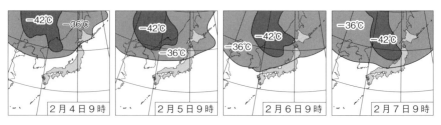

図 2.59　2018 年 2 月 4 日～ 7 日の上空約 5500 m 付近の気温

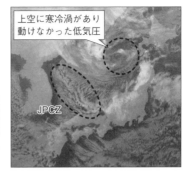

上空に寒冷渦があり
動けなかった低気圧

JPCZ

図2.60　2018年2月6日午前3時の衛星画像。QRコードは2月4日〜8日の衛星画像

ります。筋状の雲が著しく集中する部分を「日本海寒帯気団収束帯（JPCZ）」と呼び、風と風とがぶつかり合うことで雪雲の発達が促進され、平地にも大雪を降らせる危険のある現象です。今回はこの収束帯が5日から7日にかけて北陸に留まり、特に福井県付近には最も長い時間、停滞しました。日本海北部の低気圧の上空に寒冷渦（1-3）があって動きが取れなくなり、全体の気圧配置が数日にわたって変わらなかったためです（図2.60）。上空の強い寒気も北陸に流れ込み続け、福井県だけでなく石川、富山、新潟県内でも雪による死傷者が出ました。

◎暮らし変われば

37年前の「56豪雪」も今回も、福井市ではピーク時の降雪量が2日間で100cmあまりで、ほぼ同等の降雪だったということができます。一方で、社会の姿は37年で大きく変わりました。

福井県内の自家用車保有台数は当時の2.7倍（国土交通省データ）、道路は昼も夜も交通量が増えて、人や物が頻繁に車で運ばれる時代になりました。郊外の住宅や小売店も発展し物流への依存度が高まる中、1981年当時よりも雪による死者は少なくなったものの、社会的な混乱は大きくなりました。

福井を襲った昭和と平成の豪雪は、たとえ同じような気象現象が再び起きても、社会環境が変われば災害の種類や大きさが異なるということをよく表しています。

◎3日前から「わかっていた」

　福井地方気象台では、今回の雪が記録的な大雪になることを早い段階から予想し、警戒を強めていました。どこで何 cm 降るか正確にはわからないものの、広い範囲で大きな影響が出て、災害につながるおそれがあることは確信していたのです。そのため2月3日夕方、つまり福井市で積雪が 130 cm を超える3日前には「大雪と雷及び突風に関する福井県気象情報」を出して、警戒を呼びかけていました。気象台が3日も前からこのような情報を発表することは滅多にありません。それほど、危機感を持って積極的に発信していたことになります。しかし一方で、気象台が情報を出すだけで市民にあまねく伝えることは難しいのが現状です。気象キャスターなど市民により近いところで情報を伝える立場にある者は、こういった「危機感のバトン」を落とさずに伝え・つなげていく使命があります。

◎素早く短く伝えるための新しい情報

　そのバトンパスを助けるために、2018 年冬期（2018 年 12 月〜 2019 年 2 月）からは、気象台から新しいタイプの情報が出されることになりました。通常、気象台が出す情報は正確性を期して堅苦しい言葉が並び、内容に不足がないようかなりの長文になっています。それが新しい情報では例えば、「○○市では○○ cm の記録的な降雪を観測しました。この強い雪は○日にかけて続く見込みです。大規模な交通障害のおそれが高まっています」といった必要最低限の文章のみで発表し、「今まさに大雪で大変なことになりそうだ」ということを端的に伝えるものです（顕著な大雪に関する気象情報）。2018 年に福井・石川・富山・新潟の4県で始まったこの取り組みは現在、山形、福島なども含め7県の気象台で行われています。

2-24. 記録的積雪で関東甲信の平地が"雪国"に
～南岸低気圧で2週連続の大雪～

　2014年2月8日、本州の南岸を低気圧が進み、太平洋側では東海から東北の広い範囲で平地も含めて雪が降りました。東京都心で観測された積雪は27cm。東京でこれほど雪が積もるのは45年ぶりの事態でした。さらに同月14日、再び本州南岸を低気圧が通過します。8日ほどの大雪にはならないという見込みもあった中、東京都心では翌15日未明に前週と同じ27cmの積雪を観測。山梨県甲府市では積雪が急増し、明け方までに1mを超えました。それまで100年を超える観測の歴史の中で最大46cmまでしか積もったことがなかった中、記録を大幅に更新したのです。関東北部や甲信の各地で積雪が100cm前後となり、平地でも落雪や屋根の崩落が発生して死傷者が出たほか、山間部では集落孤立や農業用ハウスの倒壊が相次ぎました。また県境を結ぶ主要な道路や交通機関が長時間止まったため、流通や生活にも大きな影響が出ました。

◎一度目の大雪

　2月7日から8日にかけて、低気圧が日本の南の海上を進み、特に関東付近では陸地に近づきながら進みました（図2.61）。低気圧は寒気と暖気の境目にできますから、低気圧が本州南岸を通るということは暖気が本州南岸近くまで北上しているということになります。このようなとき、大陸から張り出すシベリア高気圧の勢力はあまり強くないことが多いですが、今回は高気圧の張り出しが普段の南岸低気圧通過時よりも強く、関東上空には平年より強い寒気が南下していました。また、高気圧が張り出すことで低気圧は北上を阻まれ、陸地から「ほどよく」離れたところを通りました。「ほどよく」というのは、低気圧に

図2.61　2月8日午前9時の天気図。丸印は7日午前9時から9日午前9時の低気圧中心位置（12時間ごと）

表2.5 2月8日から9日にかけての主要都市の積雪（最大値）

	積雪の深さ	記 録
東 京	27 cm	45年ぶり
千 葉	33 cm	観測史上1位
甲 府	43 cm	16年ぶり
熊谷（埼玉）	43 cm	観測史上2位
長 野	28 cm	－

よる降水域と上空の寒気がちょうど関東甲信で重なる位置です。東京都心では8日の未明に雪が降り始めるとともに気温がさらに下がっていき、日中も氷点下の状態が続いて夜まで雪がやみませんでした（表2.5）。大雪の影響で関東甲信を中心に広範囲で停電が発生したほか、鉄道の運休や高速道路の通行止めが相次ぎました。

◎二度目はさらなる大雪に

南岸低気圧はその進路が陸地に近づくほど、雨が降りやすくなります。低気圧の中心が近いほど南側からの暖気が流入し、降るものが雪ではなく雨になりやすいためです。2月13日に沖縄付近で発生した低気圧は発達しながら四国や東海の沖へ進み、前週の低気圧よりもやや北上傾向にあって、そのままさらに北上して関東の陸地を通る、つまり雨になりやすいコースを進む可能性もありました。じつはこういった低気圧の進路を正確に予測するのは難しく、予測の微妙なブレが雨・雪の予測に大きく影響します。そしてこのとき、低気圧が実際に進んだのは、陸地すれすれの海の上でした（図2.62）。

さらに低気圧が発達しながら進んだことで、関東甲信の降水量（降った雨と雪の合計量）は2月としては記録的となりました。降水の大部分が雨となった茨城県内では、大雨となり土砂災害警戒情報が出た地域もあったほどです。低気圧のコースと発達具合という2つの条件がいずれも、関東甲信を大雪にする方向へ傾いていました。

そこへ追い打ちをかけたのが「滞留寒気」です。北側に山地を持ち南が海に開けた関東平野では、低気圧が沿岸を進む際の反時計回りの風によって北東からの冷たい空気が流れ込み、滞留寒気と呼ばれます。この冷たい空気は内陸の

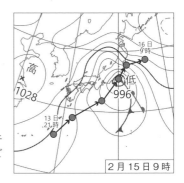

図2.62　2月15日午前9時の天気図。丸印は13日午後9時から16日午前9時の低気圧中心位置（12時間ごと）

山地付近で「滞留」するだけでなく、北側の山地にぶつかった北東風が向きを変えて南へ、沿岸の平地へと流れ出します。流れ出した冷気が地上付近の気温を下げ、雪が降りやすくなり、また積もりやすくなって、東京都心を含む各地で予想を上回る大雪となりました。さらに、低気圧が進むとともに関東では地上の気温が上がっていき、14日から降り出した雪が15日には各地で雨やみぞれに変わり始めましたが、山梨県や長野県では冷たい空気が残り、最後まで雪の状態で降り続きました（図2.63および表2.6）。

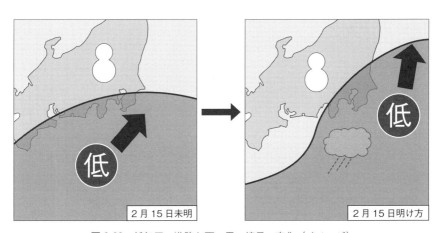

図2.63　低気圧の進路と雨・雪の境目の変化（イメージ）

表2.6　2月15日の主要都市の最深積雪

	積雪の深さ	記　録
東　京	27 cm	―
甲　府	114 cm	観測史上1位
軽井沢（長野）	99 cm	観測史上1位
前　橋	73 cm	観測史上1位
熊谷（埼玉）	62 cm	観測史上1位

◎二度目の大雪、それぞれの被害

　甲府市で114 cm、河口湖で143 cmと記録的な積雪を観測した山梨県内では、道路で車の立ち往生が相次ぎ、複数の人が動けない車中で一酸化炭素中毒により亡くなりました。道路の通行止めや鉄道の運休は関東甲信を中心とした広い範囲で起きましたが、特に山梨県は県外とつながるすべての交通が一時遮断され、県として「孤立」状態になりました。

　集落単位での孤立は複数の県で発生しましたが、県自体が「孤立」していた山梨県を中心に孤立集落の数すら把握できない状態が数日続きました。どこで何人が孤立しているのかわからない状況では、住民を救出することも必要な物資を送ることもできません。全国で最大100以上の集落が同時に孤立していた中で山梨県内では特に長引き、最後の1集落の孤立が解消したのは3月に入ってからでした。

　一方で、低気圧の東進とともに気温が上がった関東の各地では、まとまった積雪に雨やみぞれが降ってしみ込んだことで湿った重たい雪の塊となり、都市部でもカーポート（簡易車庫）の倒壊が相次ぎました。また今回の低気圧によって関東甲信以外の地域でも、西日本から北日本の広い範囲で大雪や暴風、それに暴風雪により家屋の損壊や雪崩、落雪などの被害が発生しています。亡くなった人は全国で26人にのぼりました。

◎大規模な立ち往生に備えて

　今回の大雪被害を受けて国土交通省などでは、記録的な大雪による交通障害を最小限にするため、災害対策基本法の改正に取り組みました。道路で大規模

な立ち往生が発生する際、そのきっかけは多くの場合、冬タイヤやチェーンを装着していない大型車のスリップによるものです。つまり、先頭でスリップして動けなくなった車両を移動させることができれば、立ち往生の時間を短縮することができます。そこで2014年11月に改正された災害対策基本法では、道路を管理する国や県などが災害時に車両の運転者に対して車両の移動を命じることができるようにし、さらに運転者が応じない場合やすでに車両を乗り捨ててしまっている場合は破損を伴う移動もできるようにしました。

　また、「異例の降雪を想定したタイムライン（防災行動計画）」を策定し、交通への影響が大きくなりそうな大雪が予想されている場合、数日前から除雪のための機材を調達したり、通行止めになる可能性のある道路を公表したりすることにしました。そして、このような新たなしくみを機能させるためには、車を利用する私たちも、手に入りやすくなった情報をもとに大雪や通行止めのおそれがある場合には運転を控えたり、やむを得ず運転する場合はチェーンを装着したりするといった、一人ひとりの行動が重要です。

お天気こぼれ話

《　雪の花　》

　雪のことを古くからの日本語で「六花」と表現することがあります。雪の結晶が六角形で構成されていることを、昔の人も知っていたようです。美しい雪の姿を表現するために、雪の異称はほかにも「瑞花」「銀花」など多く残っています。

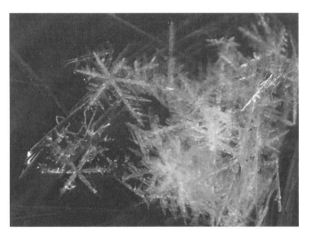

図　雪の結晶の例

　雪の結晶はすべて六角形の組み合わせですが、単純なものから複雑なもの、平べったいものから細長いものまで、千差万別。分類の方法によっては 100 種類を超えます。こういった結晶の姿は、上空の気温や湿度の状態で決まります。つまり裏を返せば、落ちてきた雪の結晶の種類を調べることで上空の気象状況がわかることになり、この性質は気象学の研究でも利用されています。

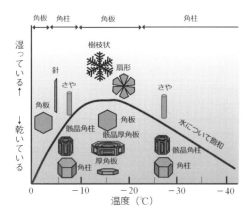

図 雪の結晶の形と気温・湿度の関係（画像提供：荒木健太郎氏）

　雪が降るたびに研究者だけで雪の結晶を調べるのは大変な作業ですが、2016年に気象庁の気象研究所で始まったのが、「関東雪結晶プロジェクト」です。関東では南岸低気圧によって大雪になることがありますが、もともと雪の多い地域と比べて雪の降る頻度が低い分、1回1回の雪でいかに多くのデータを集められるかが鍵になります。そこでツイッターやメールを通して一般の人から雪の結晶の写真を募集し、大量のデータを手に入れようというわけです。このように専門的な研究に一般市民が参加する手法は「シチズン・サイエンス」と呼ばれます。皆さんの送った写真が、将来の雪の予報精度が上がるきっかけになるかもしれません。

第３章
防災情報としての気象情報

　気象情報には、いざ災害の危険が迫っているときに命を守るために必要なものから、普段の生活を便利にしてくれるものまで、膨大な数と種類が存在します。その中からぜひ活用してもらいたいものを体系的に整理し、活用のコツとともに解説します。

3-1.　「判断する」ための基礎知識

　今、「命を守るための情報」は無数にあるといっても過言ではありません。予測技術や通信技術が進歩したことで多くの情報を入手できるようになった一方で、いざ危険が迫ったとき、咄嗟に何をどう判断すればいいのかが難しくなっているともいえます。

　政府は2019年、気象庁や自治体などから出される防災情報を、住民の取るべき行動を基準に5段階のレベル別に整理しました。レベルいくつならどういう情報が出て、どういう行動をすべきか、直接的に結びつくようにすることが狙いです。これには前年に西日本を中心とする広範囲を襲った「平成30年7月豪雨（2-9）」の際、情報が行動に結びつかなかったことへの反省が活かされています。

　「5段階の警戒レベル」は、以前からある複数の情報をいわば「レベル順に並べた」制度です。つまり以前から存在する情報がなくなったわけでも、意味する内容が変わったわけでもありません。そして、この新しい制度を最大限に有効活用するためには、従来の情報そのものについても知っておく必要があります。

3-1-1.　「5段階の警戒レベル」

　5段階の警戒レベルは、取るべき「行動」を5つにレベル分けしたものです（表3.1）。

　レベル1は「最新情報に留意」。すぐに何かが起きるわけではないけれども、近いうち（おおむね5日以内）にレベル3以上に上がる可能性がある、という段階です。

　レベル2は、「避難の方法や経路を確認」。実際に避難が必要になるタイミングが近づいていて、いつでも避難ができるように確認をする段階です。

　レベル3は、「高齢者など避難」。避難に時間のかかる人や、逃げるための猶予がない人は避難を始める段階です。「避難に時間のかかる人」には高齢者だけでなく障害のある人や、乳幼児がいる家庭も含まれます。また「逃げるための猶予がない人」というのは、川や崖のすぐ近くに住んでいる人のことです。

　レベル4は、「すみやかに避難」。すべての人が避難をする段階です。なお、3-3で後述するように、「避難」は「避難所に行くこと」とは限りません。

　レベル5は、「命を守って！」。レベル4の段階で避難をしておくことが望ましいですが、それでも避難ができていなかった人が、あらゆる手段を講じて命

表 3.1　5 段階の警戒レベル（レベル別の行動）

	行　動
レベル 5	命を守って！
レベル 4	すみやかに避難
レベル 3	高齢者など避難
レベル 2	避難の方法や経路を確認
レベル 1	最新情報に留意

を守る必要がある段階です。

　各レベルを知らせるためには、さまざまな情報が国や自治体から出されます。例えばレベル 3 の段階に達したことを知らせる「警報」、レベル 4 を知らせる「土砂災害警戒情報」や「避難指示」、そしてついにレベル 5 に達したことを知らせる「特別警報」などです。それぞれの情報については 3-2 で解説しますが、この節ではそれに先立ち、情報を有効活用するための基礎的な知識を紹介します。

● **伝えたい！ワンポイント：レベル 4 までに行動を** ●

　レベル 5 になった時点では、すでに災害が発生しているおそれがあるため、避難所へ行くことすら危険になっている場合があります。そのため、自治体はもはや「避難所に来てください」とはいえません。自宅に留まる、あるいは敢えて避難所へ行くなど、完全にケースバイケース。自分自身で判断して 1％でも命が助かる可能性の高い行動をする局面になります。

　テレビ局によっては、レベル 5 の表記を「手遅れ」としているところもあります。かなり強い表現にショックを受ける人もいるかもしれません。しかしそこには、レベル 5 になる前になんとか避難を完了してほしいという思いが込められています。

3-1-2.　危険度分布

　大雨に関して警戒レベルを最も詳しく把握できるツールが「危険度分布」です。大雨によって引き起こされる土砂災害・浸水害・洪水の危険度が可視化されたもので、リアルタイムできめ細かく表示されます。5 段階の警戒レベルに含まれる多くの情報は市町村単位など一定の広がりを持った範囲に対して発表され、例えば同じ町内にある職場と自宅のどちらがより危険なのかがわからないこと

もあります。その点、気象庁の発表する「危険度分布」では、おおむね1kmの細かさで、今どこでレベルいくつなのかを確認することができます。危険度分布は、土砂災害と浸水害についてはメッシュ状の面的な情報で、洪水については それぞれの川に沿って表示されます（図3.1）。

　危険度はいずれも無色（土砂災害と浸水害の場合は陸地と同じ緑色、洪水の場合は水色）、黄色、赤、うす紫、濃い紫の順にレベルが上がっていき、それぞれ警戒レベルの1から5におおむね該当します。つまり「うす紫」がレベル4ですから、自分の住む地域に「うす紫」色が出ている段階までに避難を完了する必要があります。ただ洪水の危険度分布については、多くの細い川の表示とともに、一部太い川が示されていて、細い川とは色の凡例が異なっています。太い川は「指定河川」と呼ばれるもので、色の凡例は「指定河川洪水予報」（3-2-6）に即しています。また太い川と細い川はつながっていることが多く（「本川」と「支川」と呼びます）、本川の水位上昇が原因で支川周辺で水があふれるおそ

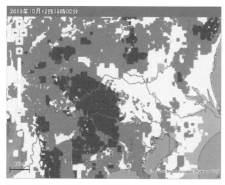

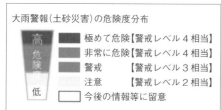

（※1）　（※2）

図3.1　土砂災害の危険度分布（実物はカラー表示）。2019年10月12日午後6時（令和元年東日本台風接近時）の例を示す。QRコードは、それぞれ令和元年東日本台風時の危険度分布のカラー表示（※1）とリアルタイムの土砂災害・浸水害・洪水すべての危険度分布（※2）

れがあるときも危険度分布で同時に確認できるようになっています。

　危険度分布におけるレベルと、警報や注意報といった気象庁が出すほかの情報のレベルは一致するようになっていて、例えば大雨注意報が出ている市では、その市内のどこかに土砂災害または浸水害の危険度分布が黄色になっている場所があるということになります。

　なお、ここで「土砂災害」とは崖崩れや山崩れ、土石流のこと、「浸水害」とは雨水が低いところへ流れ集まって建物などが水に浸かってしまうこと、そして「洪水」とは川から水があふれることを指します。洪水が発生すると建物などが浸水することがありますが（3-1-3で後述するハザードマップにおける「浸水想定区域」は洪水による浸水が想定される区域です）、気象庁の危険度分布においては「浸水害」は洪水による浸水ではなく、降った雨のうち地中にしみ込んだり、川へ流れたりしなかった水による浸水を対象にしています。

● 伝えたい！ワンポイント：大きな川・小さな川、それぞれの特徴 ●

　洪水の危険が増すとき、危険度分布の色の表示はレベル1から5まで順に変化していきますが、その変化のスピードは川ごとに異なります。例えば、複数の県にまたがって流れるような大きな川では危険度の上昇が比較的ゆっくりで、上流の危険度が増加して1日以上経ってから下流で危険度が上がって氾濫することもあります。つまり、雨が降った後、注意・警戒を要する期間が比較的長くなり、雨がやんだ翌日でも油断はできません。一方で小さな川では危険度が急激に上がることが多く、レベル2の「黄色」から数十分でレベル5の「濃い紫」になることもあり、避難のための猶予があまりありません。自分の住む地域を流れる川の特徴を把握した上で、危険度分布を活用しましょう。

● 使いたい！ワンポイント：便利！色の変化を教えてくれます ●

　危険度分布は10分ごとに更新されますが、自分の住む地域の色が変化したかどうか10分ごとに確認するのは大変な作業です。そこで、危険度分布が避難の目安である「うす紫」になった時点で知らせてくれる、便利な通知サービスがあります。大手通信会社など複数の民間企業が協力し、無料で提供されるもので、自分の地域や離れて住む家族の地域などを登録しておくと、メールやスマートフォンアプリですぐに知らせてくれます。

3-1-3.　ハザードマップ

　ハザードマップは、それぞれの地域がどのようなハザード（自然による外力）を受けやすいかを示した地図です。ハザードの種類は、土砂災害や洪水といったすべての都道府県に共通するものや、津波や火山噴火など特定の地域にのみ関係するものがあります。ハザードマップは、インターネットでも自治体の役所でも手に入ります。

　土砂災害のハザードマップには、「土砂災害警戒区域」が示されています。大雨の際に崖崩れや山崩れ、土石流が発生するおそれのある区域です。ただし土砂災害警戒区域の指定には自治体による土地の調査が必要で時間がかかるため、「今後手続きが進めば土砂災害警戒区域に指定される可能性が高い場所」をあわせてハザードマップに記載している自治体もあります。「土砂災害の危険箇所」と呼ばれるものです。これらはいずれも、「この場所以外で土砂災害は起きない」と保証するものではありませんが、命に関わるような土砂災害の発生は9割以上が「土砂災害警戒区域」か「土砂災害の危険箇所」で発生しています。

　洪水のハザードマップは、主に大きな川が氾濫した際に浸水するおそれのある区域（浸水想定区域）を示しています。多くの場合は100～200年に一度レベルの大雨によって洪水が発生した場合を想定していて、さらに「想定最大規模降雨」といって現在の気候で考えられる最大級の雨が降った場合の浸水想定区域をあわせて掲載していることもあります。

　なお、洪水のハザードマップは国土交通省が「指定河川」と定めている大きな川についてのみ作成されている地域が多く、日本の川の9割以上を占める中小河川についてはハザードマップがほとんど存在しません。ハザードマップのない川の近くに住んでいる場合、リスクを知るための目安となるのは川の高さです。おおむね、川岸と同じ高さ（橋が架かっている場合、基本的には橋の付け根と同じ高さ）以下の土地では浸水のおそれがあると考えておく必要があります。

使いたい！ワンポイント：「重ねるハザードマップ」

　前述のようにハザードマップは災害の種類ごとに分かれていますが、例えば洪水のリスクのある場所と土砂災害のリスクのある場所の位置関係を見たいときなど、リスクを「重ねる」場合に便利なのが「重ねるハザードマップ」です（図 3.2）。

（※ 1）

（※ 2）

図 3.2　国土交通省「重ねるハザードマップ（※ 1）」をもとに作成。QR コードで実物と同様のカラー表示（※ 2）

　例えば、東京都八王子市の JR 八王子駅近くの図の場所では、浅川という川の周りに薄い色で表示された洪水のリスクと、その南側に濃い色で表示された土砂災害のリスクがかなり近接していて、複数の災害から身を守る必要があることがわかります。

伝えたい！ワンポイント：手に入るようになった情報を活用するために

　今でこそ当たり前のように手に入るハザードマップですが、かつては土地の価格が下がるおそれがあるとして公表できない時代が長く続きました。一般に手に入るようになったのはおおむね 2000 年以降、北海道の伊達市と洞爺湖町にまたがる有珠山が噴火し住民生活に大きな影響が出て、ハザードマップの重要性が認識され始めた頃からといわれます。前述のようにハザードマップは万能ではないものの、被害を減らすための大きな助けになります。自宅付近だけでなく、職場や学校、普段通る道の周辺についても、あらかじめ調べておきましょう。

● ここで注目！：現状を知るためのツール ●

　今まさにどこでどのくらい雨が降っているのかを知るための代表的なツールがレーダー（気象レーダー）です（図3.3）。マイクロ波という種類の電波を使うことによって、周辺の上空に存在する雨や雪の粒を捉えることができます。電波が雨や雪に当たって跳ね返ってくるまでの時間から距離を割り出し、戻ってきた電波の強さ（レーダーエコー）によって雨や雪の強さがわかります。レーダーエコーが強いほど、雨や雪が強く降っていることになります。1つのレーダーで雨や雪（降水）を検出できる範囲は半径数百kmほどですが、気象庁所有のものが全国に20か所（2020年時点）、そのほか国土交通省や研究機関などが所有するものもあり、日本のほぼ全域を網羅しています。

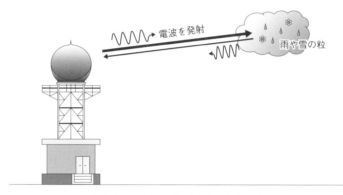

図3.3　気象レーダー観測のイメージ

　レーダーの利点は降水の様子が面的に把握できることですが、一方で、上空に存在する雨や雪の粒がそのまま地上に降ってこないこともあります。地上へ落ちていく途中に蒸発して消えてしまったり、風に飛ばされて別のところに落ちてしまったりすることがあるためです。また、「ブライトバンド」といって、実際にはさほど降水が強くないのにエコーが強く出ることがあります。その点、地上にある雨量計であれば、地上に落ちてきた雨を確実に捉えることができます（雪については、雨量計内で解けて雨と一緒になったものを降水量として測るとともに、積雪計で測った積雪の増減をもとに降雪量も算出しています）。ただし、気象庁の雨量計はおおむね20km間隔に設置されていて、雨量計のない場所では情報が得られません。例えば隣接する2か所の雨量計で激しい雨を観測しても、それらに挟まれたエリアでも同様の雨が降っているのか、あるいはまったく降っていないのかもわからないのです。また、大気の状態が不安定で局地的に積乱雲が発達した場合、数km程度の範囲でのみ雨が降ることがありますが（1-2-8）、もしその数kmの範囲にたまたま雨量計がなければ、見逃してしまいます。

　そこで登場したのが解析雨量です。レーダーで得られる面的な情報を、地上で実際に測った降水量で補正し、現実の降水の様子に近づけるよう解析された情報です。さらに2014年からは、より進化した情報である「高解像度降水ナウキャスト」の提供が始まっています。気象庁だけでなく国土交通省のレーダーも利用し、気象庁・国土交通省・全国の自治体が所有する雨量計のデータと、高層観測データ（1-3）も利用して解析した、詳しい降水の様子がわかるようになりました。水平解像度（どのくらい細かい間隔で見えるか）は250ｍ、情報は5分ごとに更新され、現在の様子だけでなく1時間先までの予測も見ることができます。今まさに雨が降っている、あるいは降りそうなときに、行動を決める手助けをしてくれる強い味方です。

　なお、現在はさらに15時間先までの「降水短時間予報」も提供されていて、高解像度降水ナウキャストと数値予報モデルを組み合わせた降水の予測が手に入るようになっています。

● 使いたい！ワンポイント：いつでもどこでも "最新の雨" を ●

　気象庁のホームページで「雨雲の動き」（前述の高解像度降水ナウキャスト）と、雷の可能性を示す「雷ナウキャスト」、それに後述の「竜巻発生確度ナウキャスト」が一体的に構成されています。

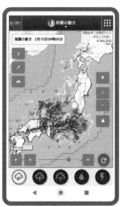

図3.4　気象庁ホームページ「雨雲の動き」。（左）スマートフォン版と（右）パソコン版。雷ナウキャストや竜巻発生確度ナウキャストは、左図では画面下側、右図では画面上側の丸いボタンで表示の有無を変更することができる。QRコードは実際のホームページ

● 知っトク！防災情報：宇宙から見る降水 ●

　前述のように、気象レーダーによって日本に降る雨や雪は北海道から沖縄まで「ほぼ全域」を観測できていますが、日本国内で唯一、カバーしきれていない地域があります。小笠原諸島です。かつて小笠原諸島では、父島と母島にそれぞれ1つずつある雨量計のデータしか手に入りませんでした。ところが今、なんと小笠原の雨を宇宙から把握することができています。

　日本のJAXA（宇宙航空研究開発機構）が主導し、国際協力のもと進められてきた「全球降水観測計画」によって、現在、複数の人工衛星のデータを組み合わせて地球全体の降水の様子が「観測」できています。分解能は緯度0.1度程度（約10 km）と通常のレーダーにはもちろん劣りますが、日本の小笠原だけでなく、観測技術の発達していないアジアやアフリカの途上国の降水もほぼリアルタイムで把握できるようになったことは非常に画期的です。中心的な役割を果たしているGPM主衛星という人工衛星は日米で共同開発され、2014年に打ち上げられました。種子島宇宙センターから旅立ったこの衛星は高度約400 kmの宇宙から、「世界の雨」を地球に届けています。

※ QRコードはそれぞれ（左）宇宙から見る世界の降水、（右）宇宙から見る小笠原の降水

　　　（世界）　　　　　　（小笠原）

● 本章を読み進めるにあたって ●

　気象に関する注意報・警報・特別警報は以下の通りで、それぞれ括弧内の節で詳しい解説をしています。

特別警報	大雨特別警報（3-2）、暴風特別警報（3-4）、波浪特別警報（3-4）、高潮特別警報（3-4）、大雪特別警報（3-5）、暴風雪特別警報（3-5）
警　報	大雨警報（3-2）、洪水警報（3-2）、暴風警報（3-4）、波浪警報（3-4）、高潮警報（3-4）、大雪警報（3-5）、暴風雪警報（3-5）
注意報	大雨注意報（3-2）、洪水注意報（3-2）、強風注意報（3-4）、波浪注意報（3-4）、高潮注意報（3-4）、大雪注意報（3-5）、風雪注意報（3-5）、着雪注意報（3-5）、なだれ注意報（3-5）、融雪注意報（3-5）、雷注意報（3-4コラム）、乾燥注意報（3-6）、霜注意報（3-6）、濃霧注意報（3-6）、低温注意報（3-6）、着氷注意報（3-6コラム）

3-2.　大雨に関する情報

　「5段階の警戒レベル」は前述のように、大雨のほかにも暴風や高潮などに関するものがあります。多くの人にとっては雨の情報が最も身近であり、また雨の情報について理解することでほかの情報も理解しやすくなるため、この節では大雨を例に解説します（表3.2）。

表 3.2　土砂災害・浸水害・洪水に備えるためのレベル別情報

警戒レベル	気象情報	指定河川洪水予報
レベル 5	大雨特別警報	氾濫発生情報
レベル 4	土砂災害警戒情報	氾濫危険情報
レベル 3	大雨警報、洪水警報	氾濫警戒情報
レベル 2	大雨注意報、洪水注意報	氾濫注意情報
レベル 1	早期注意情報	――

　なお、厳密には「レベル○の情報」と「レベル○相当の情報」があり意味が異なりますが、実際に命を守る行動をする際には違いがありませんので、本書では区別なく記載します。また、表3.2の情報のうち、指定河川洪水予報は3-2-6でまとめて解説します。

●　**使いたい！ワンポイント：情報の暗記不要！便利なレベル表示**　●

　情報の種類がかなり多いことに驚く人もいると思います。しかし、これらを覚える必要はありません。テレビなどの放送や行政からの発表では、その情報がレベルいくつでどういう行動をすべきかが具体的に説明されることになっているからです。例えば、「○○市に避難指示が出ました。5段階の警戒レベルのうちレベル4にあたる情報で、すみやかに全員避難するよう呼びかけています」となります。つまり、どの情報がレベルいくつなのか知らなくても、自分が何をすればいいかすぐにわかるしくみになっています。

3-2-1. 早期注意情報（警報級の可能性）

　早期注意情報は近いうち（おおむね5日以内）に警報が出る可能性がある場合に発表される情報で、警報級の可能性「中」または「高」という表現で発表されます（この節は大雨について解説しますが、早期注意情報はほかに大雪、暴風（暴風雪）、波浪に関しても出されます）。活用方法として例えば、ある日の夜から翌朝にかけて大雨警報の発表の可能性が「高」の場合、念のため自宅の中の崖から遠い側で就寝する、といった使い方ができます。

　この情報は気象庁ホームページの「気象警報・注意報」画面で「予想」として見ることができるほか、「あなたの街の防災情報」画面でも確認できます。

● 伝えたい！ワンポイント：危険度分布の予測 ●

　早期注意情報によって、大雨警報つまりレベル3の情報が出る可能性は事前に知ることができますが、現状では「すみやかに避難」の目安となるレベル4以上になる可能性に関する情報はありません。しかし、第2章でも見てきたように、夜の間に急激に事態が悪化することがあります。そこで気象庁で検討されているのが、危険度分布の予測を事前に公表することです。ただ、危険度分布の予測は技術的な難易度が高く、発表の形式やタイミングをどのようにするか検討されています。

3-2-2. 注意報

　大雨による災害（土砂災害、浸水害、洪水）のうち、土砂災害または浸水害の警戒レベルが2まで上がっている市町村、または上がることが予想されている市町村には、大雨注意報が発表されます。危険度分布ではそれぞれ黄色に該当します。

　また、洪水についても同様に、実況または予想で警戒レベルが2の市町村に洪水注意報が発表され、危険度分布では黄色に該当します。

　なお、洪水の危険度分布は川ごとに表示されるいわば「線」の情報なのに対し、市町村という区分はいわば「面」的なので、危険度分布が黄色になっている（または、なると予想される）川が1つ以上含まれる市町村に洪水注意報が出るしくみになっています。

　気象庁が出す注意報は全部で 16 種類あります。注意報は警報より警戒レベルが低く、普段あまり気に留めていない人が多いかもしれません。しかし、私たちの生活に関わるヒントになることが多々あるため 3-6-1 で詳しく解説します。

3-2-3.　警　報

　土砂災害または浸水の警戒レベルが 3 まで上がっているとき、または上がることが予想されているときには大雨警報、そして洪水については同様に洪水警報が発表されます。危険度分布ではそれぞれ赤色に該当します。洪水については、警報が出ている市町村のどこかに危険度分で赤色の（または赤色になると予想される）川があるということになります。

　大雨警報が発表されているとき、気象庁のホームページなどで情報を見ると「大雨警報（土砂災害）」や「大雨警報（浸水害）」などと表記されていることに気づきます。じつは大雨警報はもともと、土砂災害と浸水害の区別なく発表されていました。しかし、2000 年代に入った頃から、土砂災害の起こりやすさ（土の中にどのくらい水分が溜まっているか）をコンピュータの計算によって見積もれるようになり、2010 年には土砂災害と浸水害のどちらが起きる可能性が高いかを区別して発表できるようになりました。

　土砂災害の危険が迫っている場合は崖や山から離れる必要がありますが、浸水害の危険が迫っている場合は低い土地から離れることが必要で、どちらの災害が起きやすいかによって取るべき行動が異なりますので、この違いは重要です。技術の進歩により出せるようになった情報はできるだけ多く出そうという、気象庁の姿勢の表れともいえます。

　なお、同じ 2010 年から、大雨警報はそれまでよりも細かく、市町村ごとに発表されるようになっています。

3-2-4.　土砂災害警戒情報・記録的短時間大雨情報

　土砂災害警戒情報は、大雨により命に危険を及ぼす土砂災害（崖崩れ、山崩れ、土石流）がいつ発生してもおかしくない状況になった場合に、気象庁が都道府

県と共同で出す情報です。過去に発生した土砂災害をくまなく調査した上で、「これを超えると過去の重大な土砂災害の発生時に匹敵する極めて危険な状況になる」という基準が全国各地で設定されていて、2時間先までにその基準に到達すると予測された場合に発表しています。基準を超えてから発表するのではなく2時間先までの予測を利用するのは、避難にかかる時間を確保するためです。

　土砂災害警戒情報は大雨の警戒レベル4に当たる情報で、注意報や警報などと同様におおむね市町村単位で発表されます。この情報が出ている市町村には、土砂災害の危険度分布で「うす紫」になっている場所が存在することになります。そして、2時間先までの予測ではなく実際に基準に達した場所は「濃い紫」で表示されます。

　危険度分布の色は前述の通り、おおむね1kmの細かさ（1km四方の正方形）で表示されますが、ハザードマップ（3-1-3）を利用すると、その1km四方の中でより危険な場所とそうでない場所を見分けることができます。というのも、土砂災害は山や崖、それに土でできた斜面がある場所で起こりうる災害であって、例えばコンクリートで覆われた平坦な場所で発生することは考えにくいためです。ハザードマップにはそういった、土砂災害が起こりうる場所の中で特に危険な場所が示されています。つまり、いざ自分の市町村に土砂災害警戒情報が出たとき、自宅に留まる方がよいのか避難所へ行くべきなのかを素早く判断するためには、あらかじめハザードマップで確認しておく必要があります。

　記録的短時間大雨情報は、数年に一度程度しかないような雨が短時間に降ったと解析されたときに発表されます。「数年に一度程度」が1時間何mmの雨に相当するかは地域によって異なり、普段から雨の少ない地域では1時間80mm、雨の多い地域では1時間120mmなどとそれぞれ決められています。

　記録的短時間大雨情報は、299人が犠牲となった昭和57年7月豪雨（長崎豪雨）を機に、すでに大雨警報が出ている状態でさらなる危険が迫ったことを知らせる情報として1983年に導入されました。数ある防災情報の中でもかなりの古株ですが、導入から40年近く経つ間にさまざまな改善が行われ、はじめは発表の判断に雨量計データのみを用いていたのが、1994年からは前述の「解析雨量」も使うようになり、危険な雨を見逃しにくくなりました。また、計算方法の工夫や新しいスーパーコンピュータの導入により、2016年からは発表にかかる時

間が大幅に短縮され、大雨の発生後 10 ～ 20 分程度で発表できるようになっています。さらに今後は危険度分布や警戒レベルとも関連づけられ、災害発生を事前に知らせる情報として、より進化していく見通しです。

3-2-5.　大雨特別警報

　50 年に一度程度の記録的な大雨による土砂災害や浸水害が予想される場合や実際にその程度の雨が降った場合、大雨特別警報が発表されます。大雨の警戒レベル 5 の情報で、危険度分布では「土砂災害」と「浸水害」の「濃い紫」に該当します。

　じつは気象関係者の間では、「警報が出る状況をはるかに上回る危険が迫っていることを知らせる情報が必要だ」という問題意識はかなり以前からあり、前述の長崎豪雨［1982（昭和 57）年］の際にも「スーパー警報」なるものの必要性が議論されました。しかし、当時の予報技術では実現することができず、その登場は約 30 年後の紀伊半島大水害後まで待たれることになります（2-14）。

　2013 年 8 月の制度開始当初、大雨特別警報の対象はおおむね府県程度の広がりを持った雨だけでしたが（つまりある県に大雨特別警報が出るときはその県全域に出されることがほとんどでしたが）、2017 年 7 月にはおおむね市町村単位まで絞り込んで発表されるようになり、具体的にどこで最大級の警戒が必要なのかがわかるようになりました。梅雨前線と台風による大雨で福岡・大分県を中心に被害の大きかった「平成 29 年 7 月九州北部豪雨」は、大雨特別警報を絞り込んで発表した最初の例です。

　一方で、小さな島に大雨特別警報を出すしくみが整うまでには、さらに歳月がかかりました。日本には、面積が 100 km² もない島でも人々が生活していて、防災情報が必要な島が多く存在し、そういった島に大雨特別警報を出すには、雨の予想も実況の把握もかなりの細かさで行うことが要求されるためです。

　そこで気象庁はまず、大雨の危険度を 1 km ごとに把握できるしくみを作りました。これを利用して 2019 年には、新しい大雨特別警報の基準を伊豆諸島北部（伊豆大島や神津島などを含む地域）で試験的に導入し、さらに 2020 年 7 月、全国に適用しました（2-17）。同年 10 月 10 日には、台風 14 号による大雨の被害

が甚大になると予想された東京都の三宅島と御蔵島に、大雨特別警報が発表されています。

● **事例で見る！：初の大雨特別警報** ●

　特別警報の新設を含む改正気象業務法が2013年8月30日に施行されて2週間あまり、早くも最初の出番がやってきました。9月16日の明け方、京都・滋賀・福井の3府県に大雨特別警報が発表されたのです。

　9月13日に小笠原近海で発生した台風18号は発達しながら北上し、15日には近畿地方を中心とした地域で観測記録を上回る雨を降らせました（図3.5）。降水量が最も多くなったのは奈良や三重でしたが、「50年に一度レベル」という大雨特別警報の基準を超える見通しになったのが、平年の降水量が比較的少ない京都・滋賀・福井でした。15日からの降水量が、16日未明にはすでに平年9月の月降水量を上回り始めていたのです。滋賀県内ではその後、24時間降水量が460 mmを超えて20か所以上で土砂災害の発生が確認されました。

　台風は16日朝には愛知県に上陸し、スピードを上げて関東・東北を進んで、北海道の東で温帯低気圧に変わってもなお暴風をもたらし、広い範囲に影響を及ぼしました。全国で6人が亡くなっています。

　運用開始からわずか2週間あまりで発表された初の特別警報に、多くの人が戸惑いました。何か重大なことが起きようとしていることはわかっても、具体的に何が起きそうで何をすればよいのか、準備ができていた人は少なかったと考えられます。マスコミでも、どのような伝え方が効果的なのか試行錯誤をしながらの対応になりました。

図3.5　2013年9月15日午後9時の天気図

3-2-6. 指定河川洪水予報

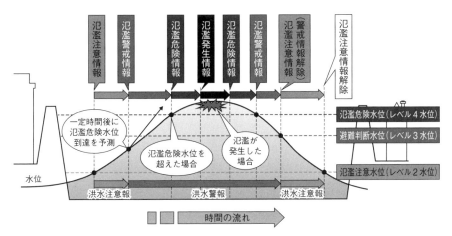

図3.6 指定河川洪水予報と河川水位および洪水注意報・警報の関係

　川の増水や氾濫の危険を知らせる情報として、あらかじめ指定した川については気象庁が国土交通省または都道府県と合同で「指定河川洪水予報」を発表します（表3.2参照）。指定河川洪水予報と川の水位変化および警報・注意報の関係は、図3.6のようになっています。川の水位が何cmで氾濫注意情報が出るのか、といった具体的な基準は川ごとに（正確には水位観測所ごとに）決められています。

　洪水予報は1950年代に始まった歴史の古い情報で、2007年からはほかの情報に先駆けてレベルを付記した表示が始まっていて、"レベル化の先駆け"ともいえます。

● 使いたい！ワンポイント：注目は「氾濫危険」 ●

　川の水位に関する情報は字面もニュアンスも似たような名前が多く、わかりづらいと感じる人も多いと思います。このうち、いざというときに身を守るため注目したい情報は「氾濫危険情報」です。というのも、この情報が出ると次はもう、「氾濫が発生しました」という事後報告（氾濫発生情報）しか出ないことになります。大雨による災害のうち土砂災

害と浸水害については、レベル 5 に達したとき、または達すると予想されるときに大雨特別警報が出されるため（3-2-5）、場合によっては災害発生前に特別警報によって危険に気づけることもあります。しかし、洪水については洪水注意報や洪水警報はあっても洪水特別警報という情報は存在しません。つまり氾濫危険情報は、災害発生のおそれを事前に知ることができる最後の情報なのです。

　なお、これらの情報は国が「指定河川」と定める大きな川についてのみ発表されます。中小河川については、一部が「水位周知河川」として川の水位が観測され行政のホームページなどで公表されているだけで、水位すら知ることのできない川が圧倒的多数を占めます。つまり、危険に気づくきっかけが少ないまま氾濫する川があるということです。しかも前述のように、小さな川では水位上昇から氾濫までの猶予がない上に、ほとんどの川でハザードマップは作成されていません。このような小さな川において危険に気づくためのツールが、「危険度分布（3-1-2）」です。洪水の危険度分布では、全国 2 万あまりの川について危険度の変化を知ることができます。また、「ハザードマップ（3-1-3）」で説明したように、川岸から自宅までの距離や、川と自宅の標高差をあらかじめ知っておきましょう。

● 事例で見る！：平成 27 年 9 月関東・東北豪雨 ●

　近年発生した川に関連する災害のうち、一度に多くの教訓を残したといえるものの 1 つが「平成 27 年 9 月関東・東北豪雨」です。

　2015 年 9 月、日本の南の海上で発生した台風 18 号は 9 日に愛知県に上陸し、その日のうちに日本海へ抜けて温帯低気圧に変わりました。ところがこの低気圧はその後、北側に居座っていた高気圧に行く手を阻まれ、翌々日まで日本海に留まることになります。そこへ高気圧の縁辺流に乗ってやってきたのが台風 17 号です（図 3.7）。元台風と台風に挟まれた状態になった関東や東北には記録的な雨が降り、大雨特別警報が 10 日未明に栃木、10 日の朝には茨城県に発表され、11 日明け方には宮城県にも出されました。この 3 県には線状降水帯がかかり、総降水量は最も多かった栃木県日光市で 600 mm を超えました。栃木・茨城・宮城県内では川の氾濫や土砂災害が相次ぎ、あわせて 8 人が亡くなっています。

　線状降水帯が形成された場所は、台風 18 号から変わった低気圧に向かう風と、台風 17

号周辺からの風がぶつかり続け、持続的に積乱雲が発達したエリアでした。上空の流れが高気圧をブロックしていたことで元台風18号が日本海で動けなくなり、さらにその上空の流れが元台風18号と台風17号の間で南風を持続させて線状降水帯がかかり続けるという、幾重にも重なった条件が記録的な雨につながりました。そして、このような気象学的観点においても注目された今回の豪雨は同時に、川が持つさまざまな側面を顕在化させました。

　例えば今回、最も多くの雨が降ったのは栃木県内でしたが、最も多くの住宅が浸水したのは茨城県でした。水源のある栃木県から県境を越えて茨城県へと流れ下る鬼怒川は、上流側で降った雨が流れ集まり流量が増えていく中で、下流にあたる茨城県内でついに限界を迎えて氾濫しました。特に、大規模な浸水により約4000人が一時取り残され2人が亡くなった茨城県常総市では、付近のアメダスで観測された降水量が当日10日に68mmと、「大雨」とはいえない量で、「大雨になる場所」と「川が氾濫する場所」が必ずしも一致しないことを象徴しています。

　また、宮城県では吉田川など複数の川が氾濫しましたが、地元の人でも正確な名前を知らないような小さな川からも水があふれ、住宅を浸水させました。当時は水位計もなかったその渋井川では、本川である多田川の水位が上がったことで逆流して増水し（バックウォーター現象）、氾濫に至ったと考えられます。

　このように川に関連する災害は、一般の人にとって「直感と違う」ことが起きやすいといえます。だからこそ、客観的な事実である「情報」が命を守る鍵となるのです。

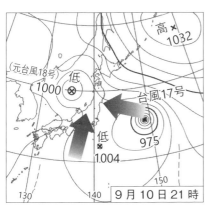
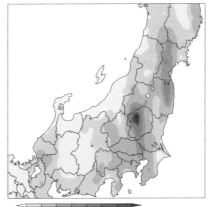

50　100　200　300　400　450　500　550　(mm)

図3.7　（左）2015年9月10日午後9時の天気図、（右）9月7日〜11日の総降水量（QRコードはカラー表示）

3-3.　「行動する」ための情報

　自分のいる場所に危険が迫る場合に必要なのが「避難」です。各自治体からは、住民に避難行動を促すために次の3つの情報が出されます。

◎高齢者等避難（2021年夏頃～）

　避難の準備を促すとともに、高齢者や障害のある人、乳幼児のいる家庭など避難に時間のかかる人には避難の開始を促すために自治体から発表されます。5段階の警戒レベルではレベル3の情報です。

◎避難指示（2021年夏頃～）

　すみやかに避難する必要があるときに自治体から発表されます。5段階の警戒レベルではレベル4の情報です。

◎緊急安全確保（2021年夏頃～）

　災害が実際に発生していることを自治体の職員や消防隊員などが確認し、緊急の安全確保が必要なときに自治体から発表されます。5段階の警戒レベルではレベル5の情報です。

　なお「大雨特別警報」は重大な災害の発生が予想されるか、あるいはすでに発生している状態で出されるため、「緊急安全確保」の情報は「大雨特別警報」より前に出ることもあれば、後に出ることもあります。

●── **知っトク！防災情報：名づけに苦心惨憺** ──●

　前述の3つの情報はいずれも以前から存在する情報ですが、2021年夏頃に名称が変更される予定のため、本書では新しい名称で表記しています。

　「高齢者等避難」はかつて「避難準備情報」という名称でしたが、2016年の台風10号による災害（2-13）をきっかけに、より具体的な「高齢者」や「避難開始」という文言を加えた「避難準備・高齢者等避難開始」に改められました。しかし、その後も気象災害で犠牲となる高齢者は多い状態が続き、今後は高齢者にピンポイントで避難を促す「高齢者

等避難」に変更されることになりました。これにより高齢者にとってはわかりやすい名称になるものの、一般の人が避難の準備をすべきであることは伝わりづらくなりますし、そもそも数年単位で情報の名称を変えること自体が情報の伝達を阻害するおそれもあります。この課題に完全な正解はありませんが、毎年多くの高齢者が命を落とす現状を打開するために、政府をはじめ多くの関係者が議論と苦労を重ね決断した結果です。

　一方、「避難指示」はもともと「避難勧告」と「避難指示」という2種類の情報に分かれていました。意味は「避難勧告」が「すみやかに避難」、「避難指示」が「ただちに避難」で、わかりやすくいうと「避難指示」は「避難勧告のときに避難しておいてほしかったけど、まだの人は今すぐ避難して」ということになります。両者の違いをわかりやすくするため、2016年には「避難指示」が「避難指示（緊急）」に変更されましたが、依然として区別のつきづらい状況は続きました。じつは2019年に5段階の警戒レベルが導入される際、これを機に2つの情報を1つにまとめる案もありましたが、自治体によっては「最後のもう一押し」として避難指示を使いたいという意見もあり、制度として残された経緯があります。このような長い議論の末に今回、「避難指示」に一本化されることになりました。

　3つ目の「緊急安全確保」は「災害発生情報」からの名称変更で「何が起きたか」よりも「どう行動すべきか」を強調する表現が採用されました。

　なお近年、大規模な気象災害が発生するたびに何度も情報の名称見直しが行われてきましたが、政府の検討会では今回の見直し以降は当面の間、情報の名称や意味の定着に向けた取り組みに注力すべきとの見解を示しています。未来の気象災害による犠牲を減らすためには、情報を伝える側の努力だけでは足りません。情報を受け取り使う側も、より一層積極的に情報を入手し活用しようとする姿勢が求められています。

　災害に備えて各地の自治体では、以下の2種類の避難先を指定しています。

◎指定緊急避難場所

　災害の危険が切迫している状況で、安全確保を目的として緊急に避難する場所です。土砂災害や洪水、地震など災害の種類ごとに指定されています。

◎指定避難所

　災害の危険があって避難した人が災害の危険がなくなるまで必要な期間に滞在したり、災害により自宅へ戻れなくなったりした人が滞在する施設です。災害の種類による区別はありません。

　ごく簡単にいうと、前者は「ひとまず安全確保をする場所」、後者は「自宅で安全に暮らせるようになるまで滞在する施設」となります。前者は、地震や火災からの避難を目的としたものであれば、グラウンドなど屋根のない場所である場合もあります。一方で後者は公立の学校や公民館が指定されていることが多く、食糧や毛布など一定期間生活するのに必要なものが備蓄されています。前者を短く「避難場所」、後者を「避難所」と呼ぶことが多く、大半の避難場所は避難所も兼ねています（図3.8はそれぞれの地図記号）。つまり多くの場合、危険を避けるために「ひとまず」行った場所に、その後も自宅に帰れる状態になるまで「滞在する」ことができます。ただ、前述のように避難場所は災害の種類ごとに異なります（図3.9）。例えば土砂災害から逃れるために「土砂災害の避難場所」へ行ってしばらく滞在していたとして、その避難場所が「洪水の避難場所」には指定されていない場合（浸水想定区域内にあるなど）、洪水の危

緊急避難場所　　　　　　　　避難所　　　　　　　避難所兼
　　　　　　　　　　　　　　　　　　　　　　　　緊急避難場所

図3.8　避難場所・避難所の地図記号（国土地理院ホームページをもとに作成）

図3.9　避難場所（避難所を兼ねている場合も含む）は災害の種類ごとに指定されている。左図は地震・津波・高潮・洪水・土砂災害、右図は地震・火事・土砂災害なので水害に対しては安全な場所ではないことがわかる（国土地理院ホームページをもとに作成）

険が高まったときにはその場から一時的に逃げる必要が出てきます。自宅の近くの学校や公民館などが避難場所なのか避難所なのか、そして避難場所であればどの災害に対応しているのかは、自治体の役所でも確認できるほか、国土地理院が発行する地図上の地図記号でも確認できます。

● 知っトク！防災情報：「避難＝避難所へ行くこと」ではない！ ●

「避難」とは、災害から身を守るために行動をすることです。そう聞くと「やっぱり避難所に行くことだ」と思う人もいるかもしれませんが、内閣府が示すガイドラインでは次の3つの行動を「避難」としています。

- ・指定された避難所や避難場所（前述）へ行くこと
- ・近所のより安全な場所へ行くこと
- ・自分のいる建物の中でより安全な場所へ移動すること

2つ目の「近所のより安全な場所」には、親戚や知人の家、ホテルなどが含まれます。3つ目は「垂直避難」と呼ばれ、例えば川や崖から離れた部屋が「より安全な場所」となります。ただし、自分のいる建物自体が川や崖にかなり近い場合はどの部屋でも危険なことが多いため、垂直避難が有効な人は限られます。

なお、どういった場所がより「安全」なのかは、災害の種類によって異なります。大雨の際、自分が川や崖から離れた頑丈な建物の高層階にいるのであれば、「動かない」というのが「避難」になります。また、暴風だけで大雨を伴わない場合であれば、場所によらず頑丈な建物から出ないで、窓から離れた場所で過ごすのが「避難」です（いずれの場合も、もちろん水や食糧などはあらかじめ備蓄しておいてください）。

このような「避難」の選択肢は、災害の危険が迫るにつれて時間とともに減っていきます。早め早めの行動が自分自身の身の安全を左右するのです。

3-4.　暴風・高波・高潮に関する情報

風や波、そして潮の変化に関しても、雨と同様に注意報や警報、特別警報があります。この節ではそれらの情報の内容とともに、情報を活用するためのポイントを解説します。

3-4-1.　暴風に関する情報

　風による災害のおそれがあるときには、強風注意報や暴風警報が発表されます。注意報や警報の基準は地域によって異なり、普段から強い風が吹きやすい地域では基準が高く設定されています。

　また、50 年に一度程度の記録的な暴風になるおそれがある場合は、暴風特別警報が発表されます。暴風特別警報はこれまで、一定基準を満たした台風（おおむね伊勢湾台風級）が接近すると予想されるときのみ発表されてきましたが、令和元年房総半島台風（1-2-9 の Case. 4）の暴風被害を教訓に、今後は地域ごとに風速の基準を設け、台風接近時に限らず基準を上回る風が吹くと予想される場合に発表するよう変更が予定されています。風速の基準は建築基準法に使われる指標を参考にし、風の圧力によって建築物が倒壊したり屋根や外壁が破壊されたりするようなレベルに設定される見通しです。

　なお、暴風警報が発表されているときや、台風や低気圧の接近により風が強まると予想される場合には、「予想最大風速」や「予想最大瞬間風速」があわせて発表されます。風速何 m/s でどのような被害につながりやすいのかという具体的な目安は、付録・用語集に収録しています（235 ページ）。

3-4-2.　高波に関する情報

　波に関する予報など基本的な情報は、「波の高さ」と「うねり」で表現されます。

　波の高さとは、波打っている海面の高いところと低いところの高低差のことです。波打ち方は一定ではなく、同じ海域でもより高いところとより低いところがありますが、気象庁では高い方から上位 3 分の 1 の波の平均を「波の高さ」

として表現します（有義波高）。

　うねりとは、その場で吹く風によって海面が波打つのではなく、遠くで発生した波が伝わってきたものです。周期が長いのでゆったりした波に見えますが、水深の浅い海岸付近で突然大きな波に変化することもあります（浅水変形）。

　波浪注意報は、高波による遭難や沿岸施設の被害などが予想されるときに発表されます。より重大な災害が発生するおそれのあるときは波浪警報が発表されます。注意報も警報も、うねりを伴うと予想される場合には伴わない場合よりも低い波高を基準に発表します。また、内湾に面した場所（内海）か外洋に面した場所（外海）かで閾値が異なり、内海は外海より低い閾値で注意報や警報が出るようになっています。

　なお波浪特別警報は現在、暴風特別警報と同様に台風の勢力を基準として発表することになっていますが、今後は要因を限定せず、50年に一度程度の記録的な高波が予想されるときに発表するよう変更される見通しです。

3-4-3.　高潮に関する情報

　海面の高さのことを「潮位」といいます。潮位は日変化と月変化、それに季節変化をしています。日変化では、おおむね1日2回ある満潮時に高く、同じく干潮時に低くなります。また毎月約2回訪れる大潮の期間には満潮と干潮の差が大きくなります。1年の中では夏から秋にかけて潮位が高くなります。

　高潮注意報は、このような自然の潮位の変化とは異なる、異常な潮位の上昇により災害が発生するおそれのあるときに発表されます。より重大な災害につながるおそれのあるときは高潮警報が発表されます。また高潮特別警報は、暴風や波浪の特別警報と同様、現在の台風基準から今後は潮位基準へと変更される見通しです。

　なお、高潮は台風が原因となることが多いですが、発達した低気圧によって発生することもあります。1-2-14で紹介した2014年12月の事例では、低気圧が急速に発達しながら北海道の東部に接近したため、暴風雪だけでなく高潮も発生して大規模な浸水を引き起こしました。根室市では低気圧接近が満潮時刻と重なったこともあり、最大2.5mの浸水が記録されています。日本の大半の地

域では高潮のリスクを考えるときに台風を基準にすればよいとされていますが、北海道を含む北日本と北陸では台風に起因する潮位変化を上回る記録が低気圧接近時に観測されているため、低気圧の影響を考慮して高潮浸水想定区域図を作成することになっています（水防法の2015年改正により）。

● 使いたい！ワンポイント：高潮からの避難は暴風も避けて ●

　高潮に関する情報は台風や低気圧などが接近する際に発表されることがほとんどですが、異常な潮位上昇を引き起こすような台風や低気圧は、接近時に危険な風を伴います。さらに通常、潮位が上がる前から風は強まるため、潮位上昇のタイミングだけを考えて避難しようとすると、避難の途中で暴風被害に遭ってしまいます。

　そのため高潮注意報・警報は、高潮だけでなく暴風も避けられるようにリードタイムを考慮して早めに発表されます。また、5段階の警戒レベルもほかの注意報・警報より高めに設定されていて、高潮警報は避難の目安となるレベル4、また暴風警報が出ている状態の高潮注意報のうち高潮警報に切り替わる可能性が高いものもレベル4に該当します。ただ、基準が複雑で一般にはわかりづらいため、今後は「暴風警報発表中かつ高潮警報に切り替わる可能性の高い高潮注意報」をはじめから「高潮警報」と発表することで、避難の判断をしやすくするよう改善が検討されています。

● 知ットク！防災情報：局地的な荒天から身を守るために ●

　ここまで、台風の接近や前線の停滞、そして強い冬型の気圧配置が持続する場合など、少なくとも前日までに危険を予知できて段階的に警戒レベルが上がる場合を見てきました。一方で、大気の状態が不安定になると（1-2-8）、短時間で天気が急変することもあります。そして、短い時間に狭い範囲だけで発生する現象であっても、土砂災害や浸水害といった災害につながることがあります。

　そんな短時間で局地的に発生するリスクをあらかじめ教えてくれる情報の1つが、雷注意報です。雷注意報が出たときというのは、局地的な大雨や落雷、竜巻といった激しい現象が普段よりも起こりやすくなっています。

　さらに激しい現象が起きやすくなると、「竜巻注意情報」が発表されます。竜巻を発生させるような、発達した積乱雲の兆候を検知した地域に対して出されるもので、1時間以内に竜巻が発生する確率が高いことを意味する情報です。竜巻注意情報は「○県○○地方」といったエリアごとに発表されるため、危険な場所をより具体的に知りたい場合は気象庁ホームページの「竜巻発生確度ナウキャスト」で確認できます（図3.10）。また、前述の「高解像度降水ナウキャスト」でも発達した雨雲の接近を把握できます。

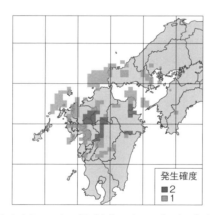

図3.10　竜巻発生確度ナウキャストの例（実物はカラー表示）。気象庁ホームページでは、「雨雲の動き」（177ページのQRコード）と同じ画面で確認できる

　なお、こういった現象は事前にいつ・どこで発生するかピンポイントの予報が難しく、情報とあわせて自らの「五感」の活用も必要です。空が急に暗くなったり、日光を通さないほど分厚く真っ黒な雲が近づいてきたり、あるいは雷の音が聞こえるなど、目や耳で得られるヒントを逃さず活用しましょう。

3-5.　雪に関する情報

　雪に関連して出される情報のうち、この節では気象庁が出す注意報を中心に解説します。というのも、注意報の意味を知ると、「雪によって具体的にどんな災害が起きやすいか」を知ることができるためです。気象庁が出す注意報は前述のように 16 ありますが、そのうち雪に関するものは 5 つもあり、雪による災害の種類がいかに多いかを表しています。この節ではそれらの注意報と関連する警報、そして雪の現状を把握するための情報や、異例の大雪に備えるための情報を見ていきます。

3-5-1.　雪に関する注意報・警報・特別警報

◎大雪注意報・大雪警報・大雪特別警報

　雪がたくさん降ることによって交通障害が起きたり、建物が損壊するおそれがあったりするときに発表されます。より重大な災害につながるおそれがあるときは大雪警報が出され、さらに 50 年に一度程度の記録的な降雪が予想される場合には大雪特別警報が出されます。

> #### ● 使いたい！ワンポイント：地域ごとに異なる "大雪" の基準 ●
>
> 　関東の都市部など、もともと雪の少ない地域では、積雪がさほど多くない場合でも交通障害が発生することがあり、大雪注意報や大雪警報の基準値が低く設定されています。一方で、東北や北陸の山沿いなど普段から雪に慣れている地域では基準値が高くなっていて、地域ごとの特性に合わせた仕様になっています。例えば東京 23 区では 12 時間で 10 cm の降雪が予想されるか、実際に降ると大雪警報が出ますが、スキーリゾートで有名な新潟県湯沢町の大雪警報基準は 12 時間の降雪量 60 cm。まさに地域ごとのにオーダーメイドです。

◎風雪注意報・暴風雪警報・暴風雪特別警報

　雪と風によって視界が悪くなるおそれがあるときに発表されます。

　雪が降ると同時に強い風が吹く「吹雪」による場合もあれば、積もっている雪が強い風に吹き飛ばされて発生する場合もあります。より重大な災害につながるおそれがあるとき（「猛吹雪」のおそれがあるとき）は暴風雪警報が、また暴風特別警報が出る状態で雪を伴う場合は暴風雪特別警報が発表されます。

◎なだれ注意報

　雪崩が発生するおそれがあるときに発表されます。まとまった量の雪が降るときに、降り積もった直後の雪が雪崩を起こす新雪雪崩や、すでに雪が多く積もっている状態で気温が上がり積雪の層全体が雪崩を起こす全層雪崩があります（2-2）。雪が降る季節が終わっても、積雪や気温などの条件によりなだれ注意報の発表が1か月以上続くこともあり、雪の影響は長く残ります。

◎着雪注意報

　雪が電線や電柱、樹木に付着することによって、電線が切れたり、電柱や樹木が倒れたりして、停電や道路通行止めなどの被害につながることがあります。このような災害を「着雪障害」と呼び、主に湿った重たい雪が多く降るときに起きやすくなります。気温が高いと湿った雪になりやすいため、着雪注意報は、大雪注意報が出るような降雪量でさらに気温が比較的高い場合に発表されます。

◎融雪注意報

　積雪が解けることによって土砂災害や浸水害が発生するおそれのあるときに発表されます。春先に積雪の残る地域でまとまった雨が予想される場合に出されることが多く、融雪注意報が出ているときは普段より少ない雨の量で災害につながるおそれがあります。

● 知っトク！防災情報：雪下ろし注意情報 ●

　雪による事故で最も死傷者が多いのは、除雪作業中の事故です。雪の多い地域では除雪作業、特に雪下ろし中の事故を防ぐために独自の情報を出す自治体があります。例えば秋田県では、6日前からの累積降雪量が基準を超えて（40 cm 以上など）、さらに翌日の最高気温がある程度高い場合、つまり雪がかなり積もっているところに気温が上がって滑りやすくなる場合に、「雪下ろし注意情報」を出して事故防止を呼びかけます。この情報は例えば、2018年から2019年にかけてのシーズン中には16回発表しています。

3-5-2.　解析積雪深・解析降雪量

　どこでどのくらい雪が降ってどのくらい積もっているのかを面的に把握することができる情報です。

　かつて雪に関しては、気象庁や自治体などの積雪計が置いてある場所についてのみ（気象庁のアメダスのうち積雪計の置いてある場所や、国道交通省や自治体などの積雪計がある場所についてのみ）、つまり「点」として知ることしかできませんでしたが、2019年11月から気象庁で解析積雪深と解析降雪量の発表が始まったことにより、全国どこでも約5kmメッシュで雪の状況がわかるようになりました（2-20）。これは数値予報モデルで計算された雪の量をもとに、観測地点が存在する場合はその観測地で補正して出される情報で、つまり実際に何cm積もっているのか測っていない場所も含めて表示されていることになります。また、雪が風に飛ばされることによる変化は計算されていません。そのため、この解析量だけをもとに積雪が何cmかを断定することはできませんが、例えばどのあたりで積雪が急増していて危険そうかといった判断基準として使うことができます。

3-5-3.　大雪に対してさらなる警戒を呼びかける場合

　大雪警報が出る可能性があらかじめわかっている場合、気象庁から早期注意情報で大雪警報の可能性が「中」または「高」として発表されますが、中でも特に大規模な交通障害などに警戒を呼びかける必要がある場合、国土交通省から「大雪に対する国土交通省緊急発表」が出されます。気象庁による予想降雪量をもとに、その量の雪が実際に降った場合に具体的にどのような事態が起きるおそれがあるかを説明し、不要不急の外出を避けることや車両のチェーン装着などを呼びかけるものです。

　この「緊急発表」は、国土交通省が2014年に策定した「異例の雪に対するタイムライン（2-24）」の一部であり、事前にできるだけ情報を出しておくことで、大雪による影響を最小限にし、また影響が出た場合にも復旧にかかる時間を短縮する狙いがあります。

知っトク！防災情報：あなたはもう見た？新しい道路標識

　道路標識といえば、「進入禁止」や「一時停止」などさまざまなものを日常的に目にしますが、2018年12月、新たに仲間入りした標識があります。

図　「タイヤチェーンを
取り付けていない車両
通行止め」の道路標識
（画像提供：国土交通省）

　右図の標識の意味は、「タイヤチェーンを取り付けていない車両通行止め」。雪道でチェーンを装着していない車が動けなくなることで大規模な立ち往生が発生する事例が相次いだために新設されました。この標識が出ている区間の道路では、たとえスタッドレスタイヤなどの冬用タイヤをつけていても、チェーンなしの車は通行できません。現在この標識は、新潟県と長野県を結ぶ上信越道など全国13か所に設置されています（2020年時点）。

　ただし、この標識が効力を発するのは特別な場合のみです。大雪特別警報が発表されたり、あるいは国土交通省が前述の「大雪に対する国土交通省緊急発表」を出すような異例の降雪が予想されたりするときだけ適用され、普段はこの標識にはカバーがかけられるなどして見えない状態になっています。大雪特別警報が出るような場合というのは命に危険が及ぶ状況ですから、基本的には「運転しない」のが一番です。その上で、どうしても運転の必要がある場合はチェーンを装着して、できる限り安全に通行しましょう。

3-6.　生活や産業を守るための気象情報

前節まで、命を守るための情報を中心に解説してきました。一方で、命を奪うほど激しい気象現象でなくても、私たちの生活に影響を与え、不便を生じさせたり、時には財産を奪ったりすることがあります。この節では、生活をしやすくするため、また気象現象によって生活や農業・小売業といった産業の質が落ちるのを防ぐための情報を見ていきます。

3-6-1.　注意報あれこれ

　本書ではこれまで、気象庁が発表する16の注意報のうち11種類について解説してきました。ここでは残りの5つについて解説します。

◎濃霧注意報

　濃い霧で見通しが悪くなるおそれがあるときに発表されます。雨上がりの翌朝に冷えそうな場合など、あらかじめ濃い霧の出ることが予想できることも多いため、例えば翌朝に霧が発生しそうな場合は前日の夕方のうちから注意報を発表することもあります。

　濃霧注意報が出ているときは、自分で車の運転をする場合にも注意が必要ですし、鉄道の運行などに遅れが生じる場合があるため、前日のうちから濃霧発生の可能性がわかっていれば通勤や通学への影響を最小限にするために準備することができます。

◎乾燥注意報

　火災の発生や延焼を助長するおそれのある気象条件のときに発表されます。湿度が低いことだけを基準に発表する地域と、風の強さも基準に含まれている地域があります。

　湿度については、一般的に耳にする湿度（相対湿度）と、木材の湿り具合を表す実効湿度（後述のコラム「玄人さん向けTips」）のそれぞれに基準が設けられています。さらに風速も基準に含まれる地域では、例えば乾燥注意報の発表基準が「相対湿度30％以下、または、相対湿度40％以下かつ風速8m/s以上」

などとなっています。「さほど乾燥していないのに乾燥注意報が出ているなぁ」と思ったときは、このパターンで発表されている場合があります。

　なお、乾燥注意報自体は前述のように本来、火災の発生や延焼を防ぐためのものですが、乾燥注意報が出るほど空気が乾燥しているときは、喉の粘膜の防御機能が低下し風邪などの感染症にかかりやすくなりますし、肌が乾燥しやすくなるなど私たちの体にも影響が出ます。注意報発表の背景を知っていると、日々の生活のさまざまな場面に役立てることができます。

● 玄人さん向け Tips：実効湿度とは ●

　相対湿度は空気中に含まれる水蒸気の「相対的な」量を表しています。例えば、そのときの気温において空気が含むことのできる水蒸気量（飽和水蒸気量）に対して半分の水蒸気が含まれていれば、相対湿度は 50％です。おおむね相対湿度 30％以下だと火災の発生や延焼の危険性が高くなります。

　一方で、実効湿度はより長いスパンでの乾燥具合を表す数値です。一般的には当日と前日の相対湿度の平均を用いて計算され、さらに細かく計算する場合は 2 ～ 3 日前の相対湿度も考慮されます。つまり「ここ数日の天気によって、最終的に今どのくらい木材が湿っているか」を知ることができます。実効湿度がおおむね 60％を下回ると、木造家屋が火災で燃えやすくなることがわかっています。

　一時的に雨が降ったのに乾燥注意報が発表され続けていて解除されないような場合は、長い目で見ると晴天の日が多く、少しの雨では木材がさほど湿らない、つまり実効湿度が基準を上回っていないことになります。

◎低温注意報

　主に冬期、水道管凍結のおそれがあるときに発表されます。基準は地域によって異なり、北日本など冬に氷点下になることが当たり前の地域では翌朝の最低気温が−8℃以下、西日本のように普段はさほど冷え込まない地域では−4℃以下になることが予想される場合に出される地域が多くなっています。

　また、夏期に発表されるときは、稲や野菜を中心とした農作物が被害を受けるおそれがあるときに発表されます。最低気温が平年を 4 ～ 5℃ほど下回ると予想される場合に、発表されることが多くなっています。

◎霜注意報

　農作物を霜の被害から守るための情報で、春の遅霜の時期と、秋の早霜の時期に、翌朝の最低気温が基準（おおむね3℃前後）を下回りそうなときに発表されます。春と秋が対象で、さらに冷え込む冬が対象外となっているのは、冬に霜が降りるのは当然のことであり注意報でわざわざ知らせる必要がなく、また冬はそもそも霜に弱い農作物を露地栽培することが少ないためです。何月何日からを遅霜（または早霜）期間とするかは、それぞれの地域でどのような農作物を栽培しているかによって左右されるため、各気象台が都道府県の担当者と相談して決めています。遅霜期間だけを注意報の対象とし、早霜期間は対象としない地域もあります（その逆もあります）。

　なお、奄美など対象期間を定めていない地域もあります。温暖な気候で年間を通じてどの季節でも霜が降りること自体が少なく、何月に霜が降りても被害につながるおそれがあるためです。

● 玄人さん向け Tips：最もマニアックな注意報!?「着氷注意報」 ●

　「着氷注意報」という注意報を聞いたことがある人は少ないかもしれません。これは、非常に寒いときに水蒸気や水しぶきが電線に凍りついてしまったり、海で船の表面に氷が大量に付着したりすることで転覆や沈没のおそれがあるときに発表される注意報です。

　このうち後者は「船体着氷」といって、波しぶきが船体にぶつかった衝撃でそのまま凍りついてしまう現象です。特に雪が降っている場合は、波しぶきと雪が混ざり合って着氷が急速に成長します。船が海を進むときは波しぶきは前方からかかってくるため、船首側を中心に着氷して重くなって沈没するおそれがありますし、沈没しない場合でも甲板上に着氷すると船員の作業を妨げます。一般的に、日本海北部よりさらに北の冷たい海で、気温が−2℃以下で風がある程度強い場合に船体着氷が起きやすいとされていますが、川の河口に近い場所など汽水域ではより高い気温でも発生することがあります。1960年代にはまだ船体着氷のしくみが知られておらず、タラ漁船が相次いで謎の失踪をしたことがあり、のちに船体着氷によって沈没していたことが解明されました。

　現代でも冬の北海道沿岸などで着氷のおそれがある気象条件のときに航行する際は、除氷作業といって氷を取り除く作業を怠らず、またできるだけ波しぶきが起きにくい方向へ舵を取る必要があります。

3-6-2.　暑さに関する情報

　暑さから身を守るための情報として、気象庁からは「高温注意情報」、そして環境省からは「暑さ指数」が発表されます。

　高温注意情報は、最高気温がおおむね35℃以上（地域によって基準が多少異なる）になると予想される地域を対象に出されるもので、熱中症への注意喚起をするとともに、その地域で気温が30℃を超えると予想される時間帯など詳しい情報もあわせて発表されます。この情報はもともと2011年、東日本大震災と原発事故後の節電モードの中、暑さから身を守るために積極的に冷房を使ってもらおうと作られました。高温注意情報は前日の段階では地方ごとに大まかに発表され、当日にはおおむね都道府県ごとに具体的に発表されます。

　一方で、熱中症になりやすいかどうかは気温だけでは決まりません。同じ気温でも湿度が高かったり、日差しが強かったりすると、より熱中症になりやすくなります。こういった総合的な熱中症の危険度がわかるのが、環境省が発表する「暑さ指数（WBGT）」です。気温だけでなく湿度や日射量なども考慮した指数によって、各地で熱中症にどのくらい警戒が必要かを数値化しています。そして、暑さ指数が25以上だと「警戒」、31以上だと「危険」などと目安が設定されていて、環境省では「危険」の場合には運動は原則中止にすべきとしています。

　ただ、これらの情報にはそれぞれ長所と短所があります。高温注意情報は発表基準が明確でわかりやすいものの、気温だけをもとに発表しているため熱中症のなりやすさとは必ずしも相関がありません。一方の暑さ指数は、熱中症と密接な関連があるものの、指数が高くなると知らせてくれるアラート機能などはなく、一般的な知名度も低いのが現状です。

　そこで双方のメリットを活かして、2020年夏に「熱中症警戒アラート」の運用が試験的に始まりました。暑さ指数が33以上になると予想されるときに気象庁と環境省が合同で発表し、特別の場合を除いて運動を中止することや、室内でエアコンなどを使って涼しい環境をつくることなど、取るべき行動が具体的に示されます。この「暑さ指数33以上」というのは、熱中症による救急搬送者が大量に発生する（例えば東京都なら90人超など）目安です。東京都の場合は年

間の発表回数が平均的に10回未満になる見込みで、1年の中でも特に熱中症に警戒が必要な日がいつなのかを強調することができます。

この熱中症警戒アラートは、2020年には関東甲信の9都県で試験的に運用されていて、2021年からは全国に拡大される予定です。

3-6-3. 光化学スモッグに関する情報

晴れて日差しが強く風が弱い日は、光化学スモッグが発生するおそれがあります。光化学スモッグの起きる原因は、工場や自動車から出された排出ガスに含まれる物質に強い紫外線が当たって化学変化を起こし、「光化学オキシダント」と呼ばれる有害な物質が発生することです。風が強ければ拡散されて濃度が下がり人体への影響が小さくなりますが、風が弱いと地面付近に高い濃度で溜まってしまい、目や呼吸器などに悪影響を及ぼします。そのため、日差しが強く風が弱いと予想される日には各地の気象台がスモッグ気象情報を発表し、外での運動を避けたりマスクをしたりといった対策を促します。こういった気象条件は春から夏にかけてそろうことが多いため、スモッグ気象情報の発表もこの時期に集中します。また、自治体によっては光化学スモッグ注意報を出すところもあります。

なお、1970年代には工場や自動車から出る排出ガスに対する規制が今ほど厳しくなく、光化学スモッグによる健康被害も今より頻繁に発生していました。現在では規制が強化され、また自動車などの性能も上がったことから影響を受ける頻度は低くなりましたが、それでも気象条件によっては有害物質が発生することがあり、引き続き注意が必要です。

3-6-4. さまざまなニーズに応えて

職業や地域によって、必要な気象情報は大きく変わります。

例えば、長いスパンでの気温変化の予想を知りたい人もいます。小売業やアパレルなど、気温の変動によって売れ筋の商品が大きく変わる分野で働く人たちです。このような気温の見通しに対する需要は以前から高く、気象庁では

2019 年に「2 週間気温予報」を開始し、おおまかな予想を発表するようになりました（図 3.12）。週間予報期間よりも先の気温について、その日を中心とした 5 日間の平均値を示すものです。つまり、例えば当日から数えて 10 日目の予想最高気温の欄には、8 日目から 12 日目の 5 日間の予想最高気温の平均値が表示されるしくみです。このように平均値を用いるのは、現在の技術では具体的な予測値を示すのが難しいためですが、たとえ予想気温が具体的に何度かわからなくても、「かなり暑くなりそう」とわかれば小売店へ出す商品の種類や数をあらかじめ調整できますし、個人でも野外イベントを予定している場合は熱中症対策を強化するなど計画を立てることができます。以前から気象庁では 1 か月予報や 3 か月予報によって、週単位や月単位で見た気温や降水量などの予想を平年と比較する形で発表していますが、この 2 週間気温予報によってより詳しい情報が手に入るようになりました。

　また、週間予報より先の 1 週間について、気温が平年よりかなり高くなったり低くなったりすることが予想される場合や、降水量が平年よりかなり多くなりそうな場合（11 月から 3 月の期間は日本海側の降雪量が平年よりかなり多くなりそうな場合も含む）、早期天候情報が発表されます（図 3.13）。前述の 2 週間気温予報ほど詳しい情報は必要ないけれども平年と大きくかけ離れたことが起きる場合は事前に知りたい、という場合に活用できます。

　1-2-4 で解説した梅雨入り・梅雨明けのお知らせも同様に、長い目で見た天

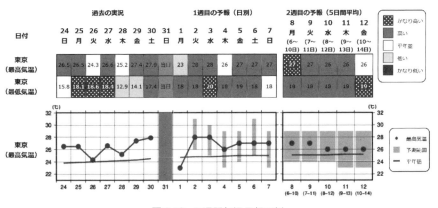

図 3.12　2 週間気温予報の例

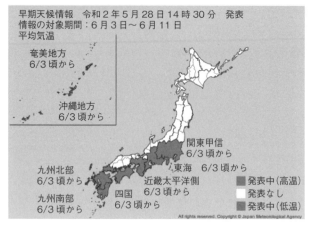

図 3.13　早期天候情報の例

　候の変化を教えてくれる情報の 1 つです。一般には季節の風物詩のように受け取られることもありますが、曇りや雨の日が多くなることによって小売業や農業などさまざまな分野に影響が出るため、重要な情報です。

　気象庁以外の機関から出される情報もあります。国立感染症研究所や各自治体では毎年、寒くなる時期にインフルエンザ警報（図 3.14）、暑さが増す時期に食中毒注意報を発表していますし、花粉飛散開始のお知らせや、日々の花粉の観測結果を公表している自治体もあります。

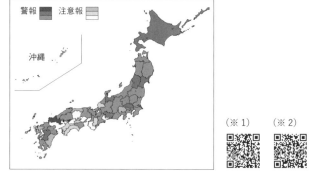

図 3.14　インフルエンザ警報・注意報の例（国立感染症研究所）。QR コードはカラー表示（※ 1）と最新の「インフルエンザ流行マップ（※ 2）」

　このように現在、手に入る情報は非常に多岐にわたっている上に、本書で挙げている情報はすべて無料です。自分のライフスタイルに合わせて必要なものを選んで活用しましょう。

● 知っトク！防災情報：14 か国語に対応する時代へ ●

　毎年のように大雨に遭っている私たち日本人にとっても防災情報を使いこなすのは難しく感じるときがありますが、もっと大変な思いをしているのが外国から来日した人たちです。2019 年に訪日外国人は年間 3000 万人を超えましたが、彼らの母国語は英語だけでなく、中国語やタイ語、フランス語などさまざまです。

　そこで気象庁のホームページでは現在、防災情報を 14 か国語で提供しています。日々の天気予報や、今どこで危険な雨が降っているのか、そして警報や危険度分布についてはその意味もそれぞれの言語で解説されています。現代ではスマートフォンに便利な翻訳アプリを入れている人も多くなりましたが、気象に関する用語には専門的なものもあり、通常の翻訳アプリでうまく訳せないこともあります。気象庁のホームページではトップページで言語を選ぶだけで、14 か国語のうちどの言語でも必要な情報が手に入るようになっています。より多くの人の命をより確実に守れるよう、情報の伝え方も日々進化しているのです。

付　録

▼

▼

▼

「十二の季節のトピックス」

　気象現象が春夏秋冬、私たちの生活のあらゆる場面に関わっていること、そして、そこには大きな恵みがあることを実感してもらえると思います。

「用語集」

　本編で詳しく扱いきれなかった専門的な用語について簡潔な解説を掲載しています。ニュースや天気予報でわからない言葉が出てきたときの“辞書”として活用してください。

十二の季節のトピックス

啓蟄…冬ごもりをしていた虫が出てくる頃
春分…昼と夜の長さが同じくらいになる頃

◎春の語源

「はる」という言葉の語源には、いくつかの説があります。1つは「晴る」。次第に日が長くなる「光の春」のイメージでしょうか。また、草木の芽や花のつぼみがふくらみ張った感じになることから「張る」が語源という説もあります。そして田畑を耕す意味の「墾る」という説もあり、農作業が本格化する時期を表しています。春はさまざまなものが動き出す季節です。

◎菱餅の色

ひな人形とともに飾る菱餅にはさまざまな由来や言い伝えがあり、色の数もかつては4色や5色などさまざまなものがありましたが、現在は赤・白・緑の3色のものが主流です。それぞれ赤は花、白は雪、緑は草の色に当てはめられ、「白い残雪の合間から植物が芽吹き、花が咲く」という情景を表しているといわれています。また、赤は魔除け、白は清浄、緑は健康を表すという考え方も。成り立ちはどうあれ、桃の節句に女の子の健やかな成長を願う親心は、今も昔も変わりません。

◎春を告げる

「春告草（はるつげぐさ）」の別称を持つウメは、ほかの花に先駆けて咲くことから「花の兄」とも呼ばれます。そして「春告鳥（はるつげどり）」はウグイスを指し、普段は「チャチャチャ」と鳴いているのが春に繁殖期を迎えると大人のオスが「ホーホケキョ」とさえずるようになります。一方で「春告魚（はるつげうお）」は地域によって異なります。ニシンやメバルを指す場合が多いですが、イカナゴやサワラといった地域もあり、その土地ならではの味覚が春を運びます。

◎寒の戻り

春にいったん暖かくなった後に再び冷え込むことを「寒の戻り」といいます。現在の広辞苑には「春先に一時的に寒さがぶり返す現象」と掲載されていますが、1990年代初めに発行された版では、春先ではなく晩春に使う言葉とされていました。時代とともに言葉の使われ方が移り変わっていくことを象徴しています。

◎龍が天へ

春分にまつわる中国の古い言葉に「龍天に登る」があります。昔の中国では、想像上の動物である龍が春分の頃に天に昇り、雲を起こし雨を呼ぶとされていました。対になる言葉として秋分には「龍淵に潜む」があります。日本でも実際に、春本番を迎えると次第に雨の降る頻度や量が増えていきます。

◎超早場米

3月に入ると沖縄や鹿児島、宮崎などで早くも田植えの始まるところがあります。夏までに稲刈りをする「超早場米」です。ほかの米に先駆けて出荷されるため、いち早く新米を味わうことができて重宝されます。また、早い時期に田植えをすることで1年に2回米を収穫する、米の二期作が行われる地域もあります。

4 月

清明…すべてのものが清らかに輝く頃
穀雨…穀物を潤す雨が降る頃

◎春の雨

芽吹きを促す春の雨を「木の芽雨」や「木の芽起こし」ということがあります。花の咲く時期であることから「催花雨」という表現も。花のつぼみに降りかかる雨粒が、まるで「早く咲いてよ」とささやいているように見えたのでしょうか。ほかにも春の雨の表現として「育花雨」や「花の雨」、「桜雨」など数多くの言葉が残っていて、寒い冬を越えて春に花々が咲き始めるのを、昔から日本人がいかに楽しみにしていたかがうかがわれます。また3月中旬から4月中旬にかけては曇雨天が続くことが多く、この時期に咲く菜の花にちなんで「菜種梅雨」と呼ばれます。

◎春も夏もスキー

標高の高い山では大型連休頃まで春スキーを楽しめるところがあります。そして中には、春を通り越して夏までという場所も。山形県の月山スキー場では真冬は雪が多すぎてリフトが埋まり営業できず、4月にスキー場開きをします。積雪は4月の時点で10m前後の年が多く、7月頃までウィンタースポーツを楽しめます。

◎ハナミズキ

桜が散った後に楽しめる花の1つがハナミズキです。白や薄紅の可愛らしい色彩が新緑の季節によく似合います。ハナミズキの木が日本に来たのは今から100年以上前、ワシントンへ贈った桜のお礼として届きました。当時アメリカで人気だったハナミズキは、今や日本で4番目に多い街路樹です。

◎潮干狩り

春は潮干狩りに最適です。暑すぎず寒すぎず海辺で心地よく過ごせるというだけでなく、「潮」の条件もよい時期です。

潮の満ち干には月の引力のほかに太陽の引力も影響していて、地球と月・太陽の位置関係から、春と秋は特に干満の差が大きくなります。さらに、1日2回ある干潮のうち、春から夏にかけては昼間の干潮の方が大きく潮が引くため、潮干狩りには絶好のチャンスです。ただし、潮が大きく引くということは満ち始める際の水位上昇も急激になります。水位の変化には気をつけてください。

◎春山には危険がいっぱい

雪が解け、顔を出した地面からは植物の新芽が顔を出し、清々しい空気に包まれた春の山はとても気持ちのいいものです。しかし山の天気は急変しやすく、穏やかな晴天から急に雨が降り出して沢が増水したり、気温が急降下したりして低体温症になることも。強風が吹き荒れて視界を奪われたり、春や初夏でも雪が積もることもあったりして、遭難件数が増える時期です。山菜取りなどで気軽に山に入る人が多くなる時期ですが、登山と同じように雨対策・防寒対策をして、状況が変化したときは早めに山を下りましょう。

サクラサク

世の中に　たえて桜の　なかりせば　春の心は　のどけからまし

（『伊勢物語』より）

この世に桜がなければ、いつ咲くのか、
いつ散ってしまうのかと心配することもなく
のんびり春を過ごせるのにと思ってしまうくらい、
桜は私たちの心を惹きつける。

❋ サクラ Science ❋

◎いつ咲く？開花予想！

　かつて、桜の開花予想は気象庁が行っていました。花芽の成長と気温の関係を計算する数式や、実際に各地で標本木のつぼみの重さを調査した結果から、開花日を発表していたのです。しかし、時代とともに民間企業にも知見が蓄積していき、2009年に気象庁は開花予想の役目を終えました。現在は複数の民間気象会社が毎年それぞれの予想を発表しています。

◎休眠打破

　桜の花芽は夏に形成された後、秋には休眠に入り、冬に一定期間低温にさらされることで眠りから覚めて開花の準備を始めます。暖冬の年は目覚めが悪く、開花が遅れることも。桜の開花には冬の寒さと春先の暖かさの両方が必要です。

◎合計600度

　桜の開花予想に使われるのは難解な数式ですが、その数式を解いたのと近い答えが便宜的に手に入る式があります。

> 2月1日以降の毎日の最高気温の合計が600度になる日付＝開花日

　自分の住む地域でいつ咲くのか、目安として使えそうですね。

◎最初に咲くのは

　ソメイヨシノは南から咲くとは限りません。2010年代に最も多く開花トップバッターだったのは高知、同列2位が福岡と名古屋です。東京がトップだった年もあります。都市化によって気温が上がりやすくなっていることが影響しているのかもしれません。

◎「開花」と「満開」

　「開花」：標本木において5～6輪以上の花が咲いた状態
　「満開」：標本木全体の8割以上の花が咲いた状態
　開花から満開までの期間を平年値で見ると、沖縄では2週間以上、九州～関東では1週間から10日ほど、東北では約5日、北海道で約3日と、北へ行くほど短くなっています（沖縄はヒカンザクラ、北海道の一部はエゾヤマザクラを代替品種として観測）。
　北日本では、最初の1輪が咲き始めるのが遅い分、貯めていたエネルギーを一気に発揮して満開まで早く到達します。

◎蜜をいただき！
咲きそろった桜の木の下に
花が丸ごとの形のまま
落ちていることがあります。
これはスズメなどの小鳥が、
花の根元にある蜜を吸うために
花の付け根を食いちぎり、
落ちてきたものです。
見頃の桜に集まるのは、
私たち人間だけではないのですね。

◎重なる花びら
一般に桜は、
花びらが多い種類ほど開花時期が
遅くなります。
まずソメイヨシノなどの一重、
その後に半八重と呼ばれる仲間、
そして八重が咲き始めます。
中には、1つの花に
300枚以上の花びらをつける
「兼六園菊桜」という品種もあり、
金沢の兼六園では
例年4月の終わり頃に
観光客を楽しませます。

◎桜の赤信号
桜の花の、
花びらの付け根あたりに
注目してください。
咲いてからしばらく経った花は、
その付け根あたりが
赤っぽく染まっています。
間もなく散り始めるサインです。

＊　サクラ物語　＊

◎津軽海峡を越えて
　4月下旬、桜前線は1日20〜30kmずつ北上し、北海道へ向かいます。北海道で観測されるのは、札幌・函館・室蘭ではソメイヨシノですが、そのほかの地点では代替品種のエゾヤマザクラです。北海道に自生する寒さに強い品種で、ソメイヨシノよりも濃いピンクの花が咲くと同時に赤みがかった若葉が開く、野性味がありながらも可愛らしい桜です。

◎「花」とともに
　桜が咲く季節の情景や空模様は「花」を使い表現されることがあります。
　晴れているときは「花の陰」ができ、空にうっすら雲が広がると「花曇り」、桜に雨が降りかかると「花の雨」で、気温が下がると「花冷え」になります。
　開花後に降る雪は「桜隠し」、そして花を散らすほどの雨や風は「桜流し」や「花嵐」と呼ばれ、「花吹雪」の後には川や水路に「花筏」ができます。
　また「花」は、人の気持ちや行動にも使われます。花見に疲れた「花疲れ」、うつろいやすい心を表した「花心」、そして「花より団子」。「花」とともに刻む春です。

5　月

立夏…夏が始まる頃
小満…草木が生い茂り生命が満ちる頃

◎八十八夜

立春から数えて八十八日目の「八十八夜」。「夏も近づく」の歌い出しで知られる茶摘みの歌が有名ですが、八十八の文字を合わせると米という字になり、昔から農業の重要な節目として米のもみまきなどの目安とされてきました。また「八十八夜の別れ霜」という言葉があり、ようやく遅霜が降りにくくなる時期になります。ただし「九十九夜の泣き霜」ともいわれ、年と場所によっては霜が降りることも。農家ではまだまだ霜対策に気の抜けない時期です。

◎ヒノキ花粉

スギ花粉は「梅から桜まで」といわれ、桜の季節を迎えると飛散の峠を越える地域が多くなります。代わって増えるのがヒノキ花粉で、大型連休頃まで飛散します。またヒノキの少ない北海道では、シラカバやダケカンバの花粉で症状が出る人がいて、6月の初め頃にかけて花粉症の人にとってつらい時期が続きます。

◎フィトンチッド

「風光る4月」、「風薫る5月」という表現があります。4月の風には冬の寒さから解放された春の暖かさと明るさが感じられ、5月の風には新緑の香り漂う初夏の心地よさが感じられる、という意味です。実際に木々の葉はこの時期、光合成が盛んになって「フィトンチッド」と呼ばれる香り成分を多く放出するようになります。フィトンチッドにはリフレッシュ効果が

あると考えられ、特に雨上がりに多くなることがわかっていて、公園や森での「薫風浴」がおすすめです。

◎五月晴れ

「五月」のつく天気の言葉はたくさんあります。旧暦5月は現在の6月頃。つまり梅雨の時期にあたり、「五月雨」は梅雨のことです。「五月雲」は梅雨の曇り空、「五月闇」は曇りや雨が続いて暗いことで、そして梅雨の晴れ間である「五月晴れ」の日には見晴らしがよくなり「五月富士」といって遠くから富士山が見えます。

こういった言葉は今でも梅雨の時期に使われますが、「五月晴れ」だけは文字通り5月の晴れを意味する言葉として使われることが多くなっています。

◎夏鳥

日本にやってくる渡り鳥のうち、春から初夏に現れ秋に去っていく鳥を「夏鳥」と呼びます。夏鳥には日本人の暮らしと関係の深い鳥が多く、例えばカッコウは「カッコウが鳴くと霜が降りなくなる」という言い伝えがあり、種まきの目安にしてきた地域があります。またツバメは古くから、田んぼの害虫を食べてくれるので、人にとって役立つ「益鳥」として親しまれてきました。

6 月

芒種…穀物の種をまく頃
夏至…1年で最も昼が長くなる頃

◎気象記念日

6月1日は気象記念日。1875年6月1日に気象庁の祖である東京気象台が設置されたことに由来します。当初はお雇い外国人のジョイネル（H.B.Joyner）が1人で1日3回気象観測を行い、地震があれば土蔵の中の地震計まで飛んで行ったそうです。観測や観察は自然科学にとって一番の基本。100年以上も続く気象観測が現在の天気予報の礎になっています。なお、毎日の天気予報がスタートしたのも同じく6月1日（1884年）です。

◎麦秋

初夏は麦が黄金色に輝く季節です。秋に種まきをした麦が5月の終わり頃から6月初めにかけて収穫時期を迎え、まさに「麦秋」。麦の穂を揺らす「麦の秋風」とともに、「秋」という字が入っていながらも夏の季語です。

ひとくちに黄金色といっても種類によって色味が異なり、パンや麺の原料となる「小麦」は色が濃く、まさに「小麦色」。一方で、ビールの原料「二条大麦」は色が薄く、「ビール色」といえそうな色です。麦はできるだけ乾燥した状態で収穫するのがよいため、麦農家では梅雨入り前の晴れの日を見計らい、収穫時期を検討します。

◎ホタル

ホタルは成虫になると、恋の相手を求めて夜、発光しながら飛ぶようになります。その時期は、本州付近ではおおむね6月頃です。

ホタルがよく飛ぶのは、気温も湿度も高くて風が弱い、蒸し暑い夜です。人にとっては寝苦しく不快な夜が、ホタルにとっては恋の相手を探すのに好条件。そんな夜、川や田んぼの近くにそっと探しに行くとホタルに出会えるかもしれません。

◎アジサイの花

アジサイは手まりのように丸く集まる花が特徴的ですが、これは「装飾花（そうしょくか）」といって本当の花ではありません。

本当の花「真花（しんか）」は、装飾花をそっとかき分けた奥の方にある、数ミリ程度の小さい星型の花です。各地の気象台ではソメイヨシノやウメなどのようにアジサイの開花も観測していますが、装飾花ではなく真花の開花を見ています。

アジサイは葉も装飾花も面積が大きく、水分が蒸発しやすいため乾燥に弱い植物です。平年の開花日は梅雨入りの時期と近い地域が多く、雨の季節を待ちわびていたかのように咲き始めます。

◎食中毒

夏の食中毒を引き起こす主な原因は「細菌」。細菌は肉眼では見えないほど小さな生物で、食品内で増殖し、特に気温や湿度の高い日が続くと活動が活発になります。予防の3原則は、手や調理器具などを洗って細菌を「つけない」、食品を低温で保存して細菌を「増やさない」、そして加熱処理しっかりして細菌を「やっつける」。調理前後の衛生管理が重要です。

7　月

小暑…暑さが本格化する頃
大暑…1年で最も暑い頃

◎半夏生

日本生まれの暦である雑節の1つ「半夏生」。半夏と呼ばれる植物、カラスビシャクが生える頃で、かつては「半夏が生える頃までに田植えを終わらせよう」という目安にされていました。またこの時期、葉が半分だけ化粧をしたように白くなるハンゲショウという植物もあります。道路脇や雑木林などに生えることが多く、暑さが本格化する季節にまさに「半化粧」した涼しげな表情を添えます。

◎花菖蒲

6月から7月にかけて見頃を迎える花菖蒲は、江戸時代から栽培が本格的に始まったとされ、人の手によって品種改良が重ねられてきました。花の色は紫、白、群青、黄色などさまざまで、同じ紫でも淡い色から濃い色までバリエーションに富んでいます。品種によって多少違いはありますが、花びらのつけ根の部分に黄色が入っているのが花菖蒲の特徴で、この部分が白いのがカキツバタ、網目模様になっているのがアヤメです。

◎傘の洗い方

傘は意外と汚れています。雨にはさまざまな不純物が含まれていますし、道路からの水しぶきで油分がつくこともあります。傘を洗うときは中性洗剤をスポンジにつけて、こするのではなくポンポンと優しくたたくようにしてください。そして日陰でそのまま乾燥させましょう。お気に入りの傘をしっかり手入れをして、長く使いたいですね。

◎クチナシの白い花

梅雨の時期に甘い香りを漂わせるクチナシ。道端で強い香りを感じたら、肉厚で大ぶりの白い花が近くで見つかるかもしれません。語源は、実が熟しても開かない「口無し」、あるいは実の突起部分が「くちばし」に似ていたから、などといわれます。クチナシの実は黄色の色素が強く、栗きんとんやたくあんの着色に使われ、日本人の生活に身近な植物です。

◎土用と土用波

暦の上で季節が変わる直前の約18日間を「土用」と呼びます。立夏前に春の土用、立秋前に夏の土用……と年4回ありますが、現在でも一般に定着しているのは夏の土用。夏の土用期間のうち、昔ながらの日付の数え方で「丑」に当たる日には、ウナギを食べる習慣があります。「丑」の「ウ」のつくものを食べて精を出し、暑さに打ち勝とうというわけです。

一方でこの時期には「土用波」と呼ばれる、遠くの海から届くうねりが発生します。はるか遠くの台風などが原因で起きる波の変化で、水深の浅い海岸付近まで伝わると急激に高くなることもあります。土用波の時期は海水浴シーズンとも重なるため注意が必要です。

8 月

立秋…秋が始まる頃
処暑…暑さが収まる頃

◎離岸流

海が穏やかな日でも注意したいのが「離岸流」です。沖へ向かう強い流れ、文字通り「岸から離れる」流れのことで、その速さは最大で2 m/s。水泳選手でも逆らえないほどの速さで、岸から沖へとあっという間に流され溺れてしまう事故が多く発生しています。万が一流されてしまった場合は、まず落ち着いて片手を大きく振り、周囲に知らせて助けを待ちましょう。そして離岸流は幅10〜30 m程度の狭い範囲で発生することが多いため、泳げる人は岸と平行に泳いで、離岸流から抜けてください。

◎伝統的七夕

旧暦の七夕を「伝統的七夕」と呼びます。現在の七夕は7月7日で、梅雨時期にあたる地域が多くなかなか星空を見る条件に恵まれません。一方で旧暦の7月7日は現在の8月上旬で、星の見える確率が高くなります。例年8月上旬には全国各地で伝統的な七夕の行事も行われ、豪華絢爛な飾りが有名な東北の「仙台七夕」もこの時期です。

◎早出早着

8月11日は「山の日」。登山客の多い時期ですが、安全な登山の基本は「早出早着」です。というのもこの時期、山では午後の早い時間にしばしば雷が発生します。山頂など開けた場所では雷からの逃げ場がありませんので、雷が発生する前に目的地に到着するのが一番です。また、時間が十分あれば、さまざまな不測の事態にも余裕を持って対応することができます。山登りは早起きをして、安全に楽しみましょう。

◎夏の4つの顔

夏を代表する花、夏の顔といえば朝顔を思い浮かべる人が多いと思います。似た名前の花に昼顔、夕顔、夜顔があり、昼顔は昼の間だけ咲きますが、夕顔と夜顔は夕方から翌朝にかけて長い時間、花を咲かせます。なお朝顔・昼顔・夜顔はヒルガオ科ですが、夕顔だけはウリ科。花の後にはスイカほどの大きな実ができ、実を薄く削り乾燥させると干瓢になります。

◎川でも水の事故

中学生以下の子どもが亡くなる水の事故は、年によっては約半分が川で発生しています。川では、遊ぶ場所の周辺で晴れていても上流で雨が降ると急に増水し、あっという間に水流が速くなることがあります。事前に天気予報を確認し、「大気の状態が不安定」という言葉があれば空の様子の変化に注意してください。また大人は子どもから目を離さないようにしましょう。

◎浜風

夏の甲子園球場といえば「浜風」。近くの大阪湾から吹く南西の海風で、真夏の午後を中心に強まります。球場で見るとライトからレフト方向への風で、右打者が引っ張る打球がよく飛びます。夏の大会で通算本塁打の多い選手に右打者が多いのも、浜風の影響かもしれません。浜風が演出するアツい夏のドラマに注目です。

暑さに負けない！

鬼の霍乱<rt>かくらん</rt>

鬼のように丈夫な人でも病気になることがある
という意味のことわざ。
一説によると「霍乱」は熱中症のこと。

◎しくみから考える熱中症

　人の体は生命活動によって日常的に熱を発生しているため、体温が上がり過ぎないように血液循環や発汗によって体温を下げるしくみがあります。血液循環によって体の表面に近い血管から体の外に熱を逃がし、汗は乾くときに体から熱を奪います（気化熱）。

　しかし、気温が高くなると体の外へ熱を逃がすことが難しくなり、湿度が高くなると汗が乾きにくくなり汗の効果も期待できなくなります。つまり熱中症にならないためには、体の本来のしくみがうまく働くよう、適切な温度・湿度の環境をつくったり、水分や塩分を補給したり体を冷やすことで体のしくみを補うことが必要です。

＊　　暑すぎるデータベース　　＊

◎都市は暑い！

　都市部では道路や周りの建物から照り返しを受けます。気温 33 ℃のときに都市部で歩行者が道路や建物から受ける熱量は、約 6 畳の部屋で 1000 W の電気ストーブを約 10 台使用したときに相当します。

◎車内が暑い！

　JAF（日本自動車連盟）が、屋外に停車した自動車内で温度がどのくらい上がるかを調べた実験では、外の最高気温が約 23 ℃の日、運転席の人の顔付近の温度は 50 ℃近くまで上がりました。さらに、フロントガラスやダッシュボード付近の温度は 60 ℃前後。車中に子どもやお年寄りを残したままにするのがいかに危険かわかります。また、密封された炭酸飲料の缶やペットボトルを車内に放置すると、破裂するおそれがあります。

◎世界一暑い！

　世界の観測史上最高気温：アメリカのデスバレーで 56.7 ℃（1913 年 7 月 10 日）

◎遊具が熱い！

　東京都の調査では気温が 31 ℃のとき、公園の滑り台は 70.5 ℃まで上がっていました。ベンチは 58.1 ℃。大人でもやけどをしてしまうような熱さですが、特に子どもは皮膚が薄くやけどが重症化するおそれがあるため一層注意が必要です。

◎本格的に暑くなる前に「暑熱順化」

　暑さに強い体づくりをするためには、暑さ（暑熱）に体を慣れさせること（順化）が必要です。少し汗ばむくらいの環境でややきついくらいの運動をすることが有効で、例えば 30 分程度のウォーキングを 2 週間ほど続けると効果が出るとされています。ポイントは本格的に暑くなる前にやること、そして決して無理をしないことです。

✳ まずは基本を徹底！ ✳

◎水分補給のコツ
　夏の水分補給は、喉が渇く前にするのが基本中の基本です。また日中だけでなく、起床後や入浴前後も忘れずに。もちろんアルコール飲料は水分補給になりません。そして、汗をかいた後は塩分も一緒に取りましょう。

◎高齢者には周りから声をかけて
　高齢者は暑さを感じにくく、熱を逃がすための体の反応が遅れたり、また熱中症対策も遅れたりする傾向にあります。積極的に声をかけて、水分補給などを一緒にやりましょう。

✳ 屋内でも対策を ✳

　総務省消防庁の調査では、2019年に熱中症とみられる症状で救急搬送された人のうち、4割近くが発症時に住居内にいました。

◎日差しをさえぎる
　すだれやよしず、そして窓ガラスに貼る日射遮蔽フィルムなどで日差しをさえぎると、屋内の温度を下げることができます。重点的な対策が必要なのは東側と西側の窓。夏は太陽高度が高く、南側からはあまり日差しが入らないためです。

◎風の道を作る
　建物内では2つ以上の窓を開けることで風通しがよくなります。風が通ることで汗が乾きやすくなり、体温を下げやすくなります。

◎夜、寝る前に
　寝ている間に熱中症になると、気づかないまま亡くなってしまうことがあります。寝る前にはコップ1杯の水分補給を。そして、エアコンの設定温度を低くして寝ることに抵抗がある場合は、高めの温度設定にして扇風機を組み合わせるのがおすすめです。エアコンを使わずに扇風機だけを使って、扇風機と自分の間に氷を置く方法もあります。

✳ 身近にある！　熱中症対策の強い味方 ✳

◎夏野菜
　夏に旬を迎える野菜には、体を冷やす効果を持つものがたくさんあります。中でも、きゅうり、トマト、スイカなどは約90％が水分なので食事と同時に水分補給もできる優れもの。塩をかけて食べれば、汗で失われた塩分も補うことができます。

◎甘酒
　甘酒は夏の季語。酒粕から作られ独特の香りがするタイプと、米麹を発酵させて作るタイプがあり、米麹タイプだとアルコールは含まれません。栄養満点で疲労回復にも効くとされていて、熱中症対策に「冷やし甘酒」がおすすめです。

9 月

白露…朝露がつき始める頃
秋分…昼と夜の長さが同じくらいになる頃

◎行き合いの空

　夏の終わりから秋の初めにかけて、夏らしいモクモクとした雲と、秋らしい刷毛で描いたような薄い雲やうろこ雲が空で同居することがあります。まさに空で夏と秋が行き交っている瞬間。そんな夏と秋がすれ違う、行き合う様子を「行き合いの空」と呼びます。今日もあなたの頭の上で、こっそり季節が行き合っているかもしれません。

◎初秋の温度計

　コオロギの鳴き声が聞こえてくる初秋。鳴き声といっても喉からの音ではなく、左右の羽を擦り合わせて音を出していて、まるで弦楽器のようです。気温が高いほど羽の動きが活発になって鳴き方のテンポが早くなり、逆に気温が低いとテンポが遅くなります。鳴き声で寒暖がわかる、まさに「温度計」です。

◎秋の花粉症

　秋はヨモギやブタクサ、イネ科の植物の花粉でくしゃみや鼻水などの症状が出る人がいます。ただ、スギやヒノキといった春の花粉は風に乗って100kmほど飛ぶことがあるのに対して、秋の花粉は遠くまで飛びません。通勤通学時、ヨモギなどが生えやすい空き地や土手などを避けて歩くだけでも、症状が楽になりそうです。

◎中秋と仲秋

　「中秋」とは暦の上での秋のちょうど真ん中の日、旧暦8月15日を指します。一方で「仲秋」は旧暦の8月1か月間のこと。旧暦において秋は7月、8月、9月を指し、それぞれを「初秋」「仲秋」「晩秋」と呼んでいたためです。同じ読み方の「中」と「仲」、使い分けが“なかなか”難しいですね。

◎短日植物

　日が短くなるこの時期、その変化を敏感に察知する植物があります。「短日植物」といって、日照時間が短くなったのを感じて開花の準備が促進されるしくみを持つ植物で、秋の花の代表格である菊やコスモスなどがその仲間です。鑑賞用菊の一大産地・愛知県ではこの性質を逆手に取り、夜も電照で花用ハウス内を明るくすることで「まだまだ日は短くなっていない」と菊に勘違いさせて、ゆっくりじっくり大きくなるよう育てています。

◎秋の七草

　七草がゆなどで葉を食べる春の七草に対し、秋の七草はカラフルな花が多いのが特徴です。奈良時代の歌人、山上憶良が詠んだ歌に由来するとされ、諸説ありますがオミナエシ、キキョウ、フジバカマ、ナデシコ、クズ、ススキ、ハギの7つが有力です。オミナエシは黄色、キキョウやフジバカマ、クズなどは青や紫、ナデシコやハギは赤紫やピンクの花が咲くものが多く、秋の草原を彩ります。

10　月

◎赤トンボ

秋になると、どこからともなく現れる赤いトンボ。一般に赤トンボと呼ばれるのはアキアカネという種類です。アキアカネは1年を通じて日本にいますが、暑い夏の間は涼しい高原や山で過ごし、気温が下がり始めると降りてくるため、平地に住む人にとっては秋に突然現れたように感じます。街中に現れるアキアカネの姿は、まさに「秋の便り」です。

◎つるべ落とし

「秋の日はつるべ落とし」といわれる理由の1つは、秋には日没時刻の早まるペースが上がるためと考えられます。例えば東京では10月、1週間あたり約10分も日没が早くなり、夏至を過ぎた頃の倍のスピードになっています。さらに、日没後にほんのり明るさが残る「薄明」と呼ばれる時間も短くなります。車の運転時は早めのライト点灯を心がけましょう。

◎月が美しい日

古くから1年で最も月が美しいとされてきたのが十五夜、つまり旧暦8月15日で、今も全国各地にお月見の習慣が残っています。十五夜の次に美しいとされたのが十三夜で「後の月」ともいい、旧暦9月13日です。地域によっては十五夜に芋、十三夜に栗をお供えしたり、その逆の地域があったり、十五夜に芋と栗を両方お供えするところもあったりと千差万別。丸い月は豊穣の象徴で、それぞれの地域の方法でその年の収穫に感謝し、翌年の豊作を祈ります。

◎モズの高鳴き

秋になると甲高い声で鳴くようになるモズ。1年を通して日本にいる鳥ですが、冬を前に縄張り争いが激しくなると甲高い鳴き方に変わります。「モズの高鳴き七十五日」という言葉もあり、昔の人はモズの高鳴きを聞いてから75日目に霜が降りるとして、農作業の目安にしていました。

◎秋の新ソバ

ソバは種まきから約2か月で収穫される品種が多く、秋ソバの刈り取りは北海道で9月に始まり、11月にかけて九州まで収穫地域が南下します。ソバは春と秋の年2回収穫される地域が多いですが、秋の新ソバは「秋新」とも呼ばれ、香りがよいのが特徴です。

◎カボチャ

カボチャは北海道で多く生産され、夏から秋に収穫のピークを迎えます。保存ができるため冬でも食べられる野菜として古くから親しまれてきましたが、最近はハロウィーンの定着でより身近になりました。カボチャには食べると体を温める効果があります。寒くなる季節の食事にぜひ取り入れたいですね。

錦秋を愛でる

ちはやふる　神代も聞かず竜田川　からくれなゐに　水くくるとは

（小倉百人一首より）

「竜田川の水面が紅葉で覆われて真っ赤になり、
水を染め上げたようになっている。
さまざまな不思議なことが起きていたという神代の昔でさえも、
こんなことは聞いたことがない。なんて素晴らしい光景だろう。」

◎ひと足先に

標高の高い場所では木々に先駆けて草が色づく草紅葉（くさもみじ）が楽しめます。9月に入ると東北から長野県にかけての標高1000mを超える山で見頃になるところが多く、黄金や茶色、そして真っ赤に染まる草や低木たちが足元を彩ります。

◎日本一早い！紅葉

木々の紅葉が日本で最も早いといわれるのが、北海道の大雪山系です。9月の中頃には山頂付近から紅葉の見頃が始まり、徐々に山腹やふもとへと降りていきます。

◎山粧う（やまよそおう）

中国の宋の時代に活躍した画家が残した言葉に由来する季語があります。春は「山笑う（やまわらう）」、夏は「山滴る（やましたたる）」、秋は「山粧う（やまよそおう）」、そして冬は「山眠る（やまねむる）」です。春は草木が芽吹いて花が咲き、夏には葉が生い茂って、秋にはその葉が色づき、冬には枯れて生き物の気配が消える。山の四季を端的に表しています。

◎三段染め

初冠雪を迎える時期になると、山の色は賑やかになります。山頂付近は雪を被って「白」、中腹は葉が色づいて「赤や黄」、そして麓ではまだ紅葉の始まっていない木々の「緑」。晩秋から初冬の短い期間にだけ楽しめる「三段染め」です。

◎落ち葉のスリップ

落ち葉の積もった路面は滑りやすくなります。特に雨で濡れたイチョウの葉は滑りやすく、うっすらと新雪が積もったような状態になることも。また、レールに積もった落ち葉で列車の車輪が空転し、鉄道が遅延することもあります。

コトバの由来

◎イチョウの語源

葉の形がアヒルの足に似ているため、中国語でアヒルの足を表す「イーチャオ」が日本に伝わり、「イチョウ」に変化したといわれています。

◎モミジの語源

「モミジ」は、草木の葉が赤や黄色に色づくことを意味する「もみづ」が変化してできた言葉といわれています。

（※語源にはいずれも諸説あります）

◎サクラの紅葉

　サクラはイチョウやモミジより早い時期から紅葉して街中にオレンジ色の彩を添え
ます。ほかの木が紅葉する頃には落葉し、来春の花の準備へ。サクラの花芽はすでに
夏に形成されていますが、落葉した後いったん「休眠」と呼ばれる状態に入ります。
花芽を固い殻で覆って、冬の寒さから守るためです。イチョウやモミジが鮮やかに色
づいている頃には、春の宴に備えてひっそりと眠っているのですね。

◎竹の秋

　多くの常緑樹が葉を落とし色づくのは春の終わり頃。代表的なものは竹で、「竹の秋」
や「竹秋」は晩春の季語です。竹はタケノコがしっかり出てきてから、そのほかクスノ
キやツバキは若芽がしっかり育ったのを見届けてから、古い葉を静かに散らせて世
代交代を進めます。

━━ ✳ カラフル Science ✳ ━━

◎どうして色づくの？

　気温が下がると、光合成に重要な役割を果たしていた緑色の色素クロロフィルが分
解されて少なくなり、緑色が消えていきます。
　イチョウなど黄色くなる葉は、もともとあった黄色のカロテノイドという色素が目
立ってきて、黄色く色づいたように見えます。赤くなる葉の場合は、葉の根元と枝の
間に「離層」と呼ばれる仕切りが作られます。すると葉の中に作られていた糖分が枝
に運ばれずに葉の中に残り、この糖分とタンパク質が日光によって化学反応を起こし
て、アントシアニンという赤色の色素が作られます。

◎どうして落葉するの？

　植物にとって葉を維持するには大きなコストがかかります。日が長くて暖かい時期
は葉で光合成をすることでエネルギーを得て、葉を維持するコストをまかなえますが、
秋以降は日照時間が短くなる上に、気温低下により光合成の効率も落ちて、得られる
エネルギーが少なくなってしまいます。そこで、冬に向けて葉を落とし、じっとエネ
ルギーを温存する方法を選んだのが、落葉樹です。
　一方で常緑樹は、葉を1年中維持していられる温暖な地域原産のものが多く、日本
でも沖縄には特に多くの常緑樹が自生しています。また、スギやマツなどは葉の面積
を小さくすることで葉を維持するコストを最小限にした結果、寒冷地域でも生きられ
る常緑樹となりました。北海道でもエゾマツなどの常緑樹が見られます。

◎より鮮やかに

　紅葉の赤い色素のもとになる糖分は、日光を多く浴びるほど活発に作られます。一
方で植物は呼吸の際に糖分を消費するため、気温が高いと盛んに呼吸をして糖分が減っ
てしまいます。そのため、鮮やかな紅葉になるための条件は、十分な日照と朝晩の冷
え込みが必要。また、渇水や台風などのダメージが少ないことも必要です。

11 月

立冬…冬が始まる頃
小雪…山に初雪が舞い始める頃

◎雪虫

晩秋の北海道では、まるで雪のように空を舞う雪虫が見られます。アブラムシの一種で、毎年10月以降にヤチダモという木へ移り産卵の準備、つまり冬支度を始めます。この雪虫が飛ぶと、約1週間から10日の間に雪が降り始めるといわれています。

◎火の取扱いに注意

秋が深まる時期、火災には一層注意が必要です。秋の行楽でカセットコンロやたき火の利用が増えたり、朝晩冷えるようになって暖房器具を使ったりするようになる一方で、空気が乾燥するため火が燃え広がりやすくなります。11月上旬には毎年、秋の全国火災予防運動もスタートします。火の取り扱いには細心の注意を払いましょう。

◎七五三

11月15日は七五三の節句。子どもの成長に感謝し、一層の成長を願い神社に参拝する日です。古くは3歳の男女が髪を伸ばす「髪置」、5歳の男児が初めて袴を着る「袴着」、7歳の女児が初めて帯をしめる「帯解」のお祝いで、公家や武家の行事でした。それが民間行事として江戸庶民に普及し、今の風習に至ります。

◎タイヤ交換

北海道や東北では平地でも11月のうちから雪が降るところが多く、タイヤ交換の季節を迎えます。今や冬用タイヤの定番となったスタッドレスタイヤの「スタッド」とは鋲のこと。かつては鋲のついたスパイクタイヤが主流でしたが、低温でもゴムの柔らかさを保つ技術が確立され、鋲のないタイプのタイヤで雪道を安全に走れるようになりました。なお、新品のスタッドレスタイヤは本来の性能を発揮させるために慣らし走行が必要です（乗用車用タイヤの場合、時速80km以下の速度で100km以上の走行距離が目安）。今年から新しいタイヤにする予定の人は、早めに交換しましょう。

◎時雨の季節

晩秋から初冬にかけて、日本海側では「時雨」の季節です。大陸からの冷たい風が比較的温かい日本海を渡るときに水蒸気を補給して積乱雲を作り、断続的に雨や雪が降る天気を「時雨」と呼びます。京都の「北山時雨」は古くから歌に詠まれるほど有名で、冬支度の合図とされてきました。雨のやみ間には虹が出やすくなり、「時雨虹」といいます。なお雨が雪になると太陽光の屈折や反射ができず虹はできなくなるため、短い期間にしか出会えない現象です。

◎小さな春

初冬の穏やかな晴天を「小春日和」と呼びます。「小春」は旧暦10月を指す言葉で、暦の上では冬なのにまるで春を思わせるようなポカポカ陽気の日に使われます。ただ、「穏やかに晴れる」というのは、朝晩は放射冷却が効いて冷えやすくなる気象条件でもあります。朝晩と日中の気温差が大きくなりますので、服装や寝具を工夫して体への負担を減らし、体調管理をしましょう。

大雪…平地にも雪が降り積もる頃
冬至…1年で最も昼が短い頃

◎冬の雷とともに

日本海では雷とともに荒波が押し寄せることが増え、同時に冬の味覚も到来します。脂の乗ったブリの水揚げが増え、冬の雷は「ブリ起こし」とも呼ばれます。富山県の氷見漁港では重さや本数などの基準を超えると「ひみ寒ブリ宣言」が出されて高値で取り引きされます。また秋田県沖にはお腹に卵を宿したハタハタがやってきて、「カミナリウオ」の異称も。漢字で魚へんに神と書くこともあるほど、地元で昔から大切にされてきた魚です。

◎冬将軍

冬の天気予報の主役である「冬将軍」。語源はナポレオンの時代に遡ります。1812年、フランスからロシアへ侵攻したナポレオン軍は、例年より早く訪れた冬の寒さに悩まされ退却し、この厳しい冬をイギリスの新聞が「General Frost」と呼んだことから広まりました。当時ヨーロッパで圧倒的な強さを誇っていたナポレオン軍も、ロシアの「冬将軍」には敵わなかったようです。

◎一陽来復

1年の中で太陽高度が最も低く、昼間の時間が最も短くなる冬至の頃。かつては太陽の力が最も衰える時期と考えられ、冬至にゆず湯に入るのはゆずの断面が日輪に似ていて太陽の力を補えるためという説があります。一方で、衰えた太陽が復活を始めるスタートの日でもあります。冬至を境に太陽が復活して新しい1年が来るという考え方から、古来より「一陽来復の日」として尊ばれ、新たな1年のスタートを祝う行事は今でも世界各地で催されています。

◎ホワイトクリスマスとは

日本ではクリスマスイブ、つまり12月24日の夜に雪が降ることを「ホワイトクリスマス」と呼ぶことが多いですが、アメリカでは25日の朝の地面の様子をいいます。クリスマスの朝に地面が雪で白くなっていたらホワイトクリスマス、雪がなくて芝が見えている状態をグリーンクリスマスと呼びます。

◎凍結しやすい場所

地面からの熱が伝わらず冷たい風が吹き抜ける橋の上は凍結しやすくなります。橋にさしかかる前の道路はいつも通りでも橋の上だけ凍っていることがあるため、車の運転は慎重に。歩道橋も同様のことが起きることがありますので、歩行者も気をつけましょう。そのほかトンネルの出入り口付近や交差点の真ん中では、車が減速・加速を繰り返して圧力がかかるため凍結しやすくなり、同様に注意が必要です。

◎年取り魚

大晦日のごちそうとして豪華な魚料理を用意する地域が今も全国各地にあります。大まかには西日本でブリ、関東や東北でサケを食べるところが多いですが、東北の中でも三陸地域はナメタガレイだったり、山形の内陸ではコイだったりとさまざまです。「正月魚」や「年越し魚」ともいい、新しい年の無病息災と家内安全を願いながらいただきます。

1　月

小寒…寒さが本格化する頃
大寒…1年で最も寒い頃

◎5つの季節

俳句などで使われる季語は基本的に春夏秋冬の4グループに分けられますが、「新年」も含めて5つに分けることもあります。松の内あるいは1月15日の小正月までの期間に使われるものが多く、「門松」や「寝正月」などがあります。

◎寒中

小寒から立春前日にかけては「寒中」あるいは「寒の内」と呼ばれる、1年で最も寒い時期です。昔ながらの伝統行事として、寒稽古、寒中水泳、寒参りなどさまざまな風習が残っています。寒中見舞いを出すのもこの時期です。また寒中の水で酒を醸造することを「寒造り」といいます。「寒仕込み」とも呼ばれ、気温が低く雑菌が繁殖しにくいことから、現在もこの時期には酒や味噌が昔ながらの方法で仕込まれています。

◎人日の節句

1月7日は五節句の一つ「人日の節句」。昔の中国では、元日からの各日に動物を当てはめて占う風習があり、1日は鶏、2日は狗などと当てはめられ、7日が人を占う日でした。日本では無病息災を願う「七草粥」の風習と重なり、「七草の節句」ともいいます。

◎ヒートショック

入浴中の事故死は冬に多く、東京都の調査によると、年間発生数の半分近くが12月から2月に集中しています。浴槽で意識障害を起こし溺れることが多く、脱衣所から浴室へ入るときの急激な室温変化などで体に負担がかかり心筋梗塞などを引き起こす「ヒートショック」が原因とみられます。特に高齢者は要注意。入浴前に脱衣所を暖め、湯船のお湯はぬるめにするなど、温度差を小さくする工夫をしましょう。

◎樹氷

冬の風物詩の一つである「樹氷」。アイスモンスターとも呼ばれ、冬山に並ぶ姿は圧巻です。山形県と宮城県にまたがる蔵王連峰の樹氷は特によく知られています。

樹氷は、空気中の水蒸気が強い風で木々に吹きつけられる衝撃で凍りついた氷と、そこに付着する雪によって成長していきます。つまり樹氷の成長には、冬の強い季節風が持続することが肝心。そのためには冬型の気圧配置が持続することが必要です。

◎水道管凍結

冷え込みが厳しくなると、水道管の水が凍って出なくなったり、水道メーターのガラスが破損したりすることがあります。水道管凍結が起こりやすい気温は一般に−4℃以下ですが、もともと寒さの厳しい地域ではあらかじめ対策が取られている水道管が多く、−8℃くらいが目安のところもあります。もし凍結して水が出なくなってしまったら、水道管に直接熱湯をかけると破裂することがあるため、タオルなどの布を巻いてぬるま湯をかけるようにしましょう。

2 月

立春…春が始まる頃
雨水…降るものが雪から雨に変わる頃

◎季節の分かれ目

節分はもともと、立春・立夏・立秋・立冬の前日、1年に4度訪れる季節の分かれ目を意味する言葉ですが、現在は特に立春の前日だけに使われています。これはかつて1年の始まりが立春であったことに由来しています。立春以降の寒さのことを「余寒」といい、いったん寒さが緩んでほっとした後にまた冷え込む様子を「冴返る」と表現することもあります。

◎スギ花粉

2月には本州でスギ花粉の飛ぶ地域が増えていきます。花粉の飛散は一般に、気温が上がる昼過ぎと、日没後の1日2回ピークがあります。日没後に多くなるのは、日中に上空へ舞い上がった花粉が、夜にかけて地表近くに降りてくるためです。帰宅時間帯も油断せず花粉症対策をし、家の中に入る際は上着についた花粉をよく払い落としましょう。

◎流氷到来

1月下旬から2月にかけては、北海道のオホーツク海沿岸で「流氷初日」を迎えます。網走や釧路、稚内の気象台では流氷の観測をしていて、陸から初めて肉眼で流氷が見えた日が「流氷初日」、初めて岸に届いた日が「流氷接岸初日」です。オホーツク海は千島列島などで外洋と区切られているため水温が低く、また冬の季節風で北から流氷が流されてくることから、世界で最も南の海で流氷が見られる場所です。オーロ

ラ号やガリンコ号といった遊覧船に多くの観光客が集まるほか、網走や紋別では毎年2月前半に流氷まつりが開かれます。

◎北帰行

2月、日本で越冬していた渡り鳥が次々とロシア極東地域へ帰り始めます。白鳥やマガン、ナベヅルやカモの仲間たちが、長いもので1万kmを越える旅路に就きます。長くつらい旅をしてまで北方へ帰るのは、ロシアでは冬の終わりとともにさまざまな生物が爆発的に繁殖し、エサが豊富にあるため。鳥たちは日本で生まれたヒナを連れ、ロシアの春を目指します。

◎極寒の芸術

福島県の猪苗代湖では真冬になると、強い季節風で湖岸に打ちつけられた水しぶきが凍る「しぶき氷」が現れます。とにかく厳しい寒さが必要で、暖冬で見られない年もあります。さらに極寒の年は、湖面に降った雪が解ける前に波にもまれて衝突・結合をくり返し玉のようになる「玉氷」も出現。非常に珍しい現象で、寒冷地域ならではの芸術です。

◎猫と天気

2月22日は、ニャン（2）が3つ続く「猫の日」。晴れたり曇ったり急に雨が降り出したりしてコロコロ変わる天気のことを「猫の目天気」ということがあり、猫の瞳が周囲の明るさによってコロコロ大きさを変える様子に由来していると考えられています。冬の日本海側では1日を通して雪や雨が降ったりやんだり、時々日差しも出たりして、まさに「猫の目天気」が続きます。

雪　ゆき

ユキ！

雪は天から送られた手紙である
（雪の研究者・中谷宇吉郎）

◎「雪」の漢字

　雪という漢字の下の部分は「箒」を表しています。由来は、雪は雨と違ってほうきで掃き集めることができるから、あるいは、真っ白な雪はさまざまなものを清めるから、といわれています。右上の「雪」の古い書体を見ると、2本の手でほうきを持っている様子が象られています。

◎飛ぶ雪、回る雪

　古くからの日本語では吹雪のことを「飛雪」や「回雪」と表現します。雪がそこらじゅうを駆けめぐる様子がよく表れています。

◎上から測ります

　積雪の深さは「上から」観測しています。ある程度の高さから地面に向けてレーザー光を発射し、反射して戻ってくるまでの時間から距離がわかります。レーザー光が往復するのにかかる時間が短いほど、地面（積雪面）が近い、つまり雪が多く積もっていることになります。

　かつては雪尺という定規のようなものを使って下から測っていましたが、現在ではほとんどがレーザー光で、一部音波を使うところもありますがしくみは同じです。

　上から測るということは、レーザー光を出す機器は積雪面より高い位置に設置する必要があります。多くても数十cmしか雪が積もらない地域では1mほどの高さに設置しますが、日本一の積雪を誇る青森県の酸ケ湯では特別仕様。なんと積雪が8mあっても測れるようになっています。じつは以前は6mまでしか測れなかったのが、2013年2月に積雪が観測史上最高の5m66cmを記録したため、工事をして今の仕様になりました。

＊　雪の恵み　＊

◎波の花

　冬の日本海沿岸では、押し寄せる荒波で石けん水のような白い泡ができることがあり、「波の花」と呼ばれます。冷たい海水が風で岩などにたたきつけられることで、海水中のプランクトンや藻の粘膜の粘りが強くなって泡状になるもので、厳冬の海だからこそ現れる自然の芸術です。

◎雪の下で

　雪国では除雪が大変な一方、雪を恵みに変える知恵もあります。富山県砺波市では、秋に植えたチューリップの球根が雪の下で適度な温度に保たれ、芽を出す準備が進みます。秋田県横手市では、ニンジンを秋に収穫せず、雪の下でじっくり成長させることで甘味が増します。やっかいな雪を恵みに変える、雪国の知恵です。

◎雪は重い

　0℃くらいの寒さで新雪が降り積もった場合、その積雪は比較的軽いですが、それでも1辺50cmのサイコロ状の雪の重さは約9kg。これが屋根から落ちてきたらひとたまりもありません。積もってから時間が経過したり気温が変化したりすると密度が変わり、何倍も重くなることがあります。

　家屋がどのくらいの雪の重さまで耐えられるかは地域によって基準が異なりますが、1mも積もると限界を超える地域が多くなります。雪下ろしは週間予報を見ながら計画的に進めましょう。

◎雪の事故で多いのは

　雪が原因の事故は大部分が除雪作業中に発生していて、屋根に登って行う雪下ろしは特に危険が伴います。安全のための基本は、アンカーに固定した命綱と安全帯を使用し、複数人で作業すること。また万が一、屋根から落ちたときに衝撃を和らげるため、晴天時でも薄着での作業は避けましょう。さらに家の周りの雪を残した状態で屋根に登ることも、万が一落ちたときの衝撃緩和につながります。

◎山の雪と里の雪

　冬型の気圧配置のうち、等圧線が南北に比較的まっすぐ伸びる場合は「山雪型」といって山地で特に雪が多くなります。等圧線が日本海で曲がっていたり、日本海に低気圧があったりするときは、平地でも雪が多くなりやすい「里雪型」パターンです。

◎富士山の雪

　冬の間、富士山の積雪はあまり増えません。冬型の気圧配置で降る雪は、富士山のある太平洋側へはあまり届かないためです。一方、春になり本州付近を低気圧が頻繁に通るようになると太平洋側で降水が増え始めます。平地では雨になるような時期でも、標高の高い富士山では気温が低く雪となり、積雪は4月にピークを迎えます。

◎雪形

　春になって山の雪が解け始めるとき、山肌の地形によって早く解ける場所と雪が遅くまで残る場所が出てきて、模様のように見えることがあります。山ごとに毎年同じような模様になることから、それぞれの地元でその模様を馬や鳥の形に見立てて、昔から農作業の目安にしてきました。例えば富士山には「農鳥」と呼ばれる鳥の雪形、北アルプスの白馬岳では「代掻き馬」と呼ばれる馬の雪形、そして福島県の吾妻連峰には「吾妻の雪うさぎ」や「種まきうさぎ」と呼ばれる雪形が現れて季節を知らせます。

用語集

◎大気現象・降水現象

ひょう［コラム・積乱雲が引き起こす現象たち］　直径 5 mm 以上の氷の粒が降ってくること。気象庁の観測では「雪」に分類されるが、初雪観測の対象にはならない。

あられ［コラム・積乱雲が引き起こす現象たち］　直径 5 mm 未満の氷の粒が降ってくること。気象庁の観測では「雪」に分類されるが、初雪観測の対象にはならない。

みぞれ　雨と雪が混ざった状態で降ってくるもの。気象庁の観測では「雪」に分類され、初雪観測の対象となる。

根雪（長期積雪）　冬に積もった雪が、長期間消えずに残っている状態。気象庁の統計では「長期積雪」と呼び、30 日以上継続する積雪のことを指す。

地吹雪　積もった雪が風のため空中に吹き上げられる現象。

吹雪　「やや強い風」（風の項参照）程度以上の風が、雪を伴って吹く状態。雪が降っておらず地吹雪のみの場合も含む。

猛吹雪　「強い風」（風の項参照）以上の風を伴う吹雪。

暴風雪　暴風警報基準（地域によって異なる）以上の風に雪を伴うもの。

霧　空気中に微細な水滴が浮いているによって視程（観測の項参照）が 1 km 未満になっている状態。

もや　空気中に微細な水滴や湿った微粒子が浮いているとによって視程（観測の項参照）が 1 km 以上 10 km 未満になっている状態。

雲海［1-2-12］　自分のいる場所より低い位置に層状の雲や霧が広がっている状態。気象用語ではなく、明確な定義はない。

煙霧　乾いた微粒子により視程（観測の項参照）が 10 km 未満になっている状態。

黄砂　アジア内陸部の砂漠や黄土高原などの砂粒が風で上空に舞い上がり、上空の風に運ばれ徐々に降下する現象。春に観測されることが多く、日本に飛来するものは粒子の大きさが 4 μm（0.004 mm）程度のものが多い。

PM2.5　空気中に浮遊している 2.5 μm（0.0025 mm）以下の小さな粒子のこと。人が吸い込むと肺の奥まで入りやすく、呼吸器系だけでなく循環器系に影響を及ぼすおそれがある。黄砂の中にも 2.5 μm 以下の粒子が含まれていることがあり、黄砂飛来時に大気中の PM2.5 測定値が上昇することがある。

かすみ　空気中に微細なちりや水滴などが浮いていることによって見通しが悪くなっている状態。春に見られるものは「春霞」と表現されることもある。気象用語ではなく、明確な定義はない。

スーパーセル　発達した積乱雲のうち、内部に回転（メソサイクロン）を伴った、寿命の長いもの。竜巻などの激しい突風を発生させることが多い。

竜巻　積乱雲に伴って発生する激しい渦巻。

ダウンバースト　積雲や積乱雲から生じる強い下降流で、地面に衝突し周囲に吹き出す突風。

ガストフロント　積雲や積乱雲から吹き出した冷気の先端と周囲の空気との境

で、しばしば突風を伴う。地上では、突風と風向の急変、気温の急下降と気圧の急上昇が観測される。

つむじ風　狭い範囲で発生する激しい渦巻状の突風で、竜巻と異なり積乱雲を伴わない。寿命は数十秒から数分程度と短く（竜巻は1時間から数時間）、平均的な風速も竜巻より小さいが、テントや仮設の遊具などを飛ばすほどの威力があり、発生したら竜巻と同様に建物に逃げる必要がある。水平方向のスケールは数mから数十mで、高さは数十mから数百mに達することもある。つむじ風が砂漠のように広大なスペースで発生すると、「ダストデビル」と呼ばれる巨大な現象になる。

線状降水帯［2-11］　次々と発生する発達した積乱雲が列になり、数時間にわたってほぼ同じ場所を通過または停滞する雨域。線状に伸びる長さは50〜300km程度、幅20〜50km程度。

バックビルディング［2-11］　積乱雲の風上方向に新しい積乱雲が次々と発生し、それらが成長するとともに移動して線状の降水帯になる現象。バック（後ろ）に積乱雲が次々とビルド（建つ）という様子から名称がついた。日本で発生する線状降水帯のうち最も多いのはバックビルディング型で、ほかに破線型（局地的な前線に下層の暖湿流がほぼ直交して流れ込む）や破面型（複数の積乱雲が漠然と並んでいたものが組織化する）といった複数の発生過程の類型がある。

滞留寒気［2-24］　主に冬期の関東平野で、山脈の位置など地形の影響で寒気が留まり、地表に接するように形成された厚さ数百mの寒気の層。南岸低気圧が関東沿岸を通過する際、滞留寒気がどの程度持続するか、あるいは関東沿岸へ流れ出すかによって、降水が雨になるか雪になるかを左右することがある。

日本海寒帯気団収束帯（JPCZ）［2-23］　冬の日本海で寒気の吹き出しに伴って形成される、水平スケール1000km程度の収束帯。強い冬型の気圧配置のときや上空に寒気が流れ込むときに、この収束帯付近で積乱雲が組織的に発達し、本州の日本海側で局地的な大雪を引き起こす。

フェーン現象［2-6、2-7、2-10、2-21］　風が山を越えて吹き降りる際に昇温する現象。湿った空気が山を越えるときに雨を降らせ、乾燥した状態で山を吹き降りて気温が高くなる場合（ウェットフェーン）と、上空の風が山の風下側に降下することにより気温が高くなる場合（ドライフェーン）がある。

放射冷却［1-2-13］　地球が宇宙に向かって放射（電磁波によるエネルギー伝播）することによって熱を失って冷えること。

◎風

風向　風の吹いてくる方向。「南風」は風向が南を中心に45度以内にある風のこと。「南よりの風」は風向が南を中心に南東〜南西の90度の範囲にばらついている風のこと。（東、西、北に着いても同様。）

局地風　地域特有の風。吹く季節や風向に決まった傾向があり、昔から地域でよく知られているものが全国各地に存在する。「○○おろし」や「○○だし」などの名称

がつくことが多い。

おろし　山から吹き下ろす局地的な強風。兵庫県の「六甲おろし」や群馬県の「赤城おろし」など地名とともに広く知られるものがある。

だし　陸から海に向かって吹く局地風。船出に便利な風であったことが語源とされる。

三大悪風　「やまじ風」「広戸風」「清川だし」のこと。強風となり災害を引き起こすことが多い。「やまじ風」は四国山地から愛媛県の平地を通り瀬戸内海へ吹き下ろす南よりの風、広戸風は岡山県と鳥取県にまたがる那岐山から岡山県北東部に吹き下ろす北よりの風、清川だしは山形県の清川付近から庄内平野へ抜ける東よりの風。

からっ風　冬型の気圧配置のときに関東で吹く北から西よりの乾いた強風。群馬県では「赤城おろし」、茨城県では「筑波おろし」など地域固有の呼び方もある。

北東気流　大気下層で吹く、冷たい東よりの風。曇りや雨になることが多い。主として関東地方を中心に用いられる。

やませ［1-2-7］　春から夏に吹く、冷たく湿った東よりの風。特に東北地方では凶作を招く風として知られる。

季節風　季節によって特有の風向を持つ風。日本では冬型の気圧配置のときに吹く「北西の季節風」を指すことが多い。

春一番　冬から春への移行期に初めて吹く南よりの強い風。地域ごとに期間や風向・風速、気圧配置などの基準があり、その基準を満たしたときに気象台が発表する。北日本と南西諸島では発表をしない。

木枯らし　晩秋から初冬にかけて吹く、北よりの風。

木枯らし1号　晩秋から初冬の間に、西高東低の気圧配置で初めて吹く風速8 m/s以上の北よりの風。東京地方と近畿地方のみで発表され、それぞれ対象期間や基準となる風向がやや異なる。

◎海洋

黒潮　東シナ海を北上し、日本の南岸に沿って流れる暖かい海流（暖流）。流れの強さは世界有数で、船舶の航路を左右するほか、漁場の位置や沿岸の潮位を変化させる要因にもなっている。

親潮（千島海流）　千島列島に沿って南下し、日本の東まで達する冷たい海流（寒流）。

対馬海流（対馬暖流）　対馬海峡から日本海に流入する暖かい海流（暖流）。北緯40度付近まで北上し、大部分は津軽海峡を通って太平洋へ、一部は宗谷海峡を通ってオホーツク海に流出する。対馬海流によって日本海の表層には比較的暖かい海水が維持され、冬型の気圧配置のときに大陸からの冷たい風が日本海を吹き渡ると、その温度差で積乱雲が発生する。

黒潮大蛇行　黒潮が大きく南へ蛇行すること。通常は四国・本州南岸にほぼ沿っている流路が、東経136～140度において岸から大きく離れ、北緯32度以南まで南下する。多くの場合1年以上持続し、船舶の航行や漁業に影響を与えるほか、場所によっては潮位が上昇して沿岸の低地で浸水被害が生じることがある。

潮位［1-2-9、3-4-3］　基準面から測った海面の高さで、波浪や短周期の変動を除去したもの。基準面は東京湾平均海面を用いることが多いが、島しょ部など一部では国土地理院の定める基準を用いる。

海氷　海に浮かぶ氷の総称。

流氷　海氷のうち、海を漂って海岸に定着していないもの。

流氷初日　外の海域から漂流してきた流氷が、視界内の海面で初めて見られた日。気象庁では稚内、網走、釧路で観測している。

流氷接岸初日　流氷が海岸に到達するか、海岸に定着している氷と接着して、船舶が沿岸を航行できなくなった最初の日。

海明け　海域全体で海氷が海面を占める割合が5割以下になり、かつ船舶が沿岸を航行できるようになった最初の日。

副振動　日々くり返す満潮・干潮の潮位変化を主振動として、それ以外の潮位振動のこと。湾や海峡など陸や堤防に囲まれた海域で観測されることが多く、周期は数分から数十分程度。主な発生原因は、台風や低気圧による波が湾や海峡に入って強められること。

あびき　副振動の1つで、長崎湾で発生する。振幅が3m近くになることがある。

うねり［1-2-9、3-4-2、季節のトピックス7月］　その場の風によってできた波ではなく、遠くの波が伝わってきたもの。丸みを帯びた形状の波になることが多く、周期が長いためゆったり動くように見えるが、浅水変形（後述）によって海岸近くで急激に高くなることがある。はるか南の海上の台風によって発生するケースが多く、台風によるうねりが発生しやすい時期は夏の土用と重なることが多いため「土用波」と呼ばれることもある。

しけ　強風のため海が荒れること。気象庁では波の高さが4mを超えて6m以下の場合に「しける」と表現し、6mを超えて9m以下の場合を「大しけ」、9mを超える場合には「猛烈なしけ」と表現する。

巨大波　複数の波が山同士、谷同士で重なり合って大きな波になったもの。「三角波」や「一発大波」とも呼ばれる。数千～数万回に1回の確率で発生する。

浅水変形（浅水効果）　波が水深の浅い海域に侵入したときに波の高さや速さ、波長が変化すること。波が急激に高くなることがある。

寄り回り波　富山湾特有の、うねりによる高波。低気圧が通過して風や波がいったん収まった後に突然押し寄せることが多く、被害につながりやすい。主に、冬期に低気圧が日本海を発達しながら通過した後、北海道の西の海上で暴風によって発生したうねりが伝わってくるもので、富山湾の急峻な海底地形により、うねりのエネルギーが減衰しにくく、かつ海岸付近で急激に波高が上昇しやすい。

海霧　海で発生する霧。予報用語ではないが、濃い霧の場合は船舶の航行に影響が出るため陸地で発生するものと区別して注意喚起がされることがある。海域ごとに発生しやすい季節がわかっているものが多く、例えば三陸沖では北から冷たい親潮（前述）が流れ込むため、春から夏にかけて気

温が上昇しても海水温は低く、海水とその上を通る空気との温度差が大きくなり霧が発生しやすい。また瀬戸内海のように周囲を陸地に囲まれた海では、霧が発生した後、風で流されにくく留まりやすくなり、視界不良などの影響が長引くことがある。

◎天気図・気圧配置

気圧配置 高気圧や低気圧、前線などの位置関係。

気圧の谷 高圧部と高圧部の間の気圧の低いところ。

前線 暖気と寒気の境界線。風向・風速の変化や降水を伴っていることが多い。

温暖前線 寒気側へ進む前線。前線の通過後に気温が上がる。

寒冷前線 暖気側へ進む前線。前線の通過後に気温が下がることが多い。

停滞前線 ほぼ同じ位置に留まっている前線。

閉塞前線 寒冷前線の移動が速くなり温暖前線に追いついた前線。

梅雨前線 春から夏への移行期に、日本から中国大陸付近に出現する停滞前線。

秋雨前線 夏から秋への移行期に日本付近に出現して長雨をもたらす停滞前線。

チベット高気圧 [1-2-6] 春から夏にかけて、アジアからアフリカの対流圏上層に現れる高気圧。特に 100 hPa（およそ高度 15〜16km）で明瞭に見られる。

クジラの尾型 [1-2-6] 高気圧の勢力が強く、高気圧の西端が北に盛り上がりクジラの尾のようになっている状態。気象用語ではなくメディアの天気予報などで使われる。

爆弾低気圧 [2-3] 中心気圧が急激に下がる低気圧のこと。基準は緯度によって異なり、北緯 40 度なら 24 時間で中心気圧が 17.8 hPa 以上、下がる低気圧のこと。気象庁では「使用を控える用語」に指定し、「急速に発達する低気圧」などといい換えることにしている。

熱帯低気圧 熱帯または亜熱帯で発生する低気圧の総称。温帯低気圧が暖気と寒気の境目にできるのに対し、熱帯低気圧は暖気のみで形成される。

台風 北西太平洋または南シナ海に存在する熱帯低気圧のうち、中心付近の最大風速が 17.2 m/s 以上のもの。

吹き返しの風 台風が通過した後にそれまでとは大きく異なる風向から吹く強い風。

寒冷渦 [1-2-9、1-3、2-13、2-23] 冷たい空気でできた低気圧で、中心ほど気温が低くなっている。地上天気図では明瞭に現れずに上空の天気図（高層天気図）で確認できることが多い。動きが遅く、通過中は数日にわたり大気の状態が不安定になることもある。寒冷低気圧、切離低気圧とも呼ばれる。

ポーラーロー 冷たい空気でできた低気圧で、「寒気内低気圧」とも呼ばれる。通常は北極や南極の付近で発生するが、比較的緯度の低い日本海でも、大陸の寒気が相対的に暖かい海上を通ることで大気の状態が不安定になって発生する。衛星画像では数百 km の渦巻に見え、「冬のミニ台風」と呼ばれることもある。前線を伴わず、通常の低気圧より規模が小さいが、短期間で激しい雨や風をもたらすことがある。

◎天気予報・解説

雨の強さの表現

1 時間雨量	気象庁の表現	影　響
10 mm 以上 20 mm 未満	やや強い雨	地面からの跳ね返りで足元が濡れる。
20 mm 以上 30 mm 未満	強い雨	傘をさしても濡れる。
30 mm 以上 50 mm 未満	激しい雨	道路が川のようになる。車は高速走行時にブレーキが利かなくなるおそれがある。
50 mm 以上 80 mm 未満	非常に激しい雨	傘はまったく役に立たなくなる。車の運転は危険。
80 mm 以上	猛烈な雨	息苦しくなるような圧迫感があり、恐怖を感じる。

風の強さの表現

風　速	気象庁の表現	影　響	おおよその瞬間風速
10 m/s 以上 15 m/s 未満	やや強い風	風に向かって歩きにくい。傘がさせない。	20 m/s
15 m/s 以上 20 m/s 未満	強い風	風に向かって歩けなくなり、転倒する人も出る。看板やトタン屋根がはがれ始める。	30 m/s
20 m/s 以上 25 m/s 未満	非常に強い風	何かにつかまっていないと立っていられない。車を運転するのが困難。	
25 m/s 以上 30 m/s 未満			40 m/s
30 m/s 以上 35 m/s 未満	猛烈な風	屋外での行動は極めて危険。走行中のトラックが横転する。	50 m/s
35 m/s 以上 40 m/s 未満		多くの樹木が倒れ、電柱や電灯で倒壊するものがある。	60 m/s
40 m/s 以上		住家で倒壊するものがある。鉄骨構造物で変形するものがある。	

風速　風速計の測定値を 10 分間平均した値。

瞬間風速　風速計の測定値を 3 秒間平均した値。

降水確率　発表される予報区域において 1 mm 以上の雨または雪が降る確率。1980 年 6 月 1 日から東京地方で始まり、1986 年 3 月から全国で発表されるようになっ

た。降水確率 30% であれば過去の統計をもとに「同じ予報を 100 回発表した場合、約 30 回は 1 mm 以上の雨が降る」という意味になる。降水量とは関係がない。

時々　現象が断続的で、かつ現象の出現する時間の合計が予報期間の 2 分の 1 未満であること。

一時　現象が連続的で、かつ継続時間が

予報期間の4分の1未満であること。なお、時刻の1時と紛らわしいため、気象庁では「午後一時雨」は「午後には一時雨」と表記する。

所により　雨や雷雨などの現象が地域的に散在し、合計面積が全体の50％未満であること。半分以上のエリアには雨が降らない予想であるため、通常は天気マークに雨が表現されない。大気の状態が不安定で局地的に雨が予想される場合や、冬型の気圧配置の際に日本海側の地域で使われることが多い。

山沿い　山に沿った地域、平地から山に移る地帯のこと。山地（山の多いところ）と平地の境界付近を指す。地形による気象現象への影響は地域ごとに異なり、境界の基準となる標高は気象台ごとに定められている。また、気象台によっては「山沿い」という表現を用いず、「山地」と区別しない場合もある。

出水期　梅雨や台風などにより川が氾濫しやすい時期のこと。一般に6月から10月を指すことが多いが、厳密には川ごとに管理者（国や都道府県）が独自に決めている。雪の多い地域では融雪洪水を考慮して4月から出水期とする川もある。

寒気　周りより冷たい空気のこと。

寒波　主に冬に広い範囲に2〜3日またはそれ以上にわたって顕著な気温低下をもたらすような寒気が到来すること。

上旬　月の1日から10日までの期間のこと。

中旬　月の11日から20日までの期間のこと。

下旬　月の21日から末日までの期間のこと。

ぐずついた天気　曇りや雨が2〜3日以上続く天気。

変わりやすい天気　週間予報などで、晴れが続かず2日程度の短い周期で曇ったり雨が降ったりする天気。

荒れた天気（荒天）　注意報基準を超える風が吹き、雨または雪などを伴った状態。

大荒れ　暴風警報級の強い風が吹き、雨または雪などを伴う状態。

（台風の）強風域　台風の周辺で、平均風速15 m/s以上の風が吹いている領域。

（台風の）暴風域　台風の周辺で、平均風速25 m/s以上の風が吹いている領域。

台風の上陸［1-2-9］　台風の中心が北海道・本州・四国・九州の海岸に達すること。沖縄は含まない。

台風の通過［1-2-9］　台風の中心が小さい島や半島を横切り、短時間で再び海上へ出ること。

台風の接近［1-2-9］　台風の中心が300 km以内まで近づくこと。

◎気象観測・統計

アメダス　風向・風速、気温、降水量、積雪の深さなどの観測を自動的に行う観測システム。観測地点により観測項目が異なり、例えば気温や風向・風速は約900か所で観測しているが、積雪の深さを観測しているのは約300か所。

生物季節観測　気象官署（各地の気象台・測候所）において生物の動態を観測すること。季節の遅れや進み、気候の変動など総

合的な気象状況の推移を把握するのに用いられるほか、新聞やテレビに生活情報の1つとして利用される。かつては数十種類の動物と植物の観測をしており、動物ではウグイスの初鳴きやホタルの初見、アキアカネの初見などの項目があったが、2021年1月に動物の季節観測はすべて廃止。同時に植物の季節観測は大幅に項目が減り、今後はアジサイの開花、イチョウの黄葉・落葉、ウメの開花、カエデの紅葉・落葉、サクラの開花・満開、ススキの開花の6種9項目のみが観測される。

平年　平均的な気候状態を表すときの用語で、気象庁では30年間の平均値を用い、西暦年の1位の数字が1になる10年ごとに更新している。なお2月29日の平年値は、2月28日と3月1日の平年値を平均した値とする。初雪や生物季節観測などを2月29日に観測した場合は、3月1日に観測したものとして平年値の計算に利用する。

目視観測［コラム・初もの］　気象官署（各地の気象台・測候所）において、人の目（目視）で観測すること。初霜や初氷の観測など複数の項目があるが、観測技術の発達により目視観測は徐々に減りつつある。

冬日　最低気温が0℃未満の日。

真冬日　最高気温が0℃未満の日。

夏日　最高気温が25℃以上の日。

真夏日　最高気温が30℃以上の日。

猛暑日　最高気温が35℃以上の日。

雷日数［コラム・積乱雲が引き起こす現象たち］　気象官署（各地の気象台・測候所）で雷鳴と雷光の両方を観測したか、ある程度以上の強度の雷鳴を観測した日の数。

実効湿度［3-6-1］　木材の乾燥具合を表す指標で、当日の平均相対湿度と前日の平均相対湿度を用いて計算される。より細かく、2日前や3日前の湿度を用いることもある。実効湿度が60％より低くなると乾燥して火事が発生しやすくなったり、発生した火事が延焼しやすくなったりするといわれ、相対湿度とともに乾燥注意報の基準に使われる。

視程　水平方向での見通せる距離。

離岸距離　寒気の吹き出しに伴って海面上の積乱雲が発生し始める地点を岸から測った距離。主に冬型の気圧配置のときに衛星画像で確認できる。寒気の流れ込みが強いほど離岸距離が短い。

解析雨量　レーダーと雨量計それぞれの長所を活かして解析した降水量分布。気象庁および国土交通省のレーダーと雨量計、それに都道府県の雨量計を利用している。

ウィンドプロファイラ　地上から上空に向けて電波を発射し、上空の風向・風速を観測する装置。

ブライトバンド　上空にみぞれの粒があることにより、気象レーダーのエコーが強く出る現象。上空高いところで雪の粒だった降水粒子が、落下に伴い気温0℃の高度を通過し解けて雨になる過程で「みぞれ」の状態となり、みぞれは粒が大きいため気象レーダーの電波をよく反射し、強いエコーが出る。レーダー実況図ではリング状のエコーに見えることが多い。ブライトバンドが生じることによって、雨の強さを実際よりも強く推定してしまう可能性がある。

降雪量　降った雪の量。実況値については、観測された積雪深の、1時間ごとの増加量の合計から計算する。

積雪深　積雪の深さ。積雪量とも。

降水量　降った雨と雪の量の合計。雨については、降った雨が流れ去らずそのまま溜まった場合の水の深さのこと。雪については、降った雪が雨量計の中で解けて水になったものを雨と同様に計測する。

◎気象災害

異常気象　ある場所、ある時期において30年間に1回以下の出現率で発生する現象。

浸水　住宅や物が水に浸ったり、水が入り込んだりすること。

冠水　農地や作物、道路が水をかぶること。

外水氾濫　川の水位が上昇し、堤防を越えたり堤防が決壊したりするなどして水があふれ出ること。

内水氾濫　川の水位の上昇や流域内の大雨などにより、川の外にある住宅地などの排水が困難になり浸水すること。

バックウォーター現象［2-9、3-2-6］　大きな川（本川）と小さな川（支川）が合流する地点で、本川の増水により、支川がせき止められて増水したり逆流したりすること。

アイスバーン　凍結した路面のこと。積もった雪が車の往来によって踏み固められて圧縮された圧雪アイスバーンや、スタッドレスタイヤを装着した車が多く通ることで水分を失い踏み固められたミラーバーン、それに次項のブラックアイスバーンなど種類がある。

ブラックアイスバーン　雪のない路面に薄い氷が張っている状態のこと。氷の下の路面が透けて見えるため、濡れているだけの路面と見分けがつきにくく、事故につながりやすい。

ホワイトアウト　視界が白一色になる現象。雪が降っていたり吹雪になっていたりするときに、雪以外に識別できる物がない状態。

（吹雪による）吹き溜まり　雪が風に吹き寄せられて溜まっている場所。道路では車の通行が困難になり交通障害につながったり、停車した車の中にいる人が一酸化炭素中毒になったりするおそれがある。

融雪洪水［2-1］　積雪がある状態で雨が降ることで、融雪が進み発生する洪水。特に北日本や北陸で春先、積雪が多く残る時期に雨が降る場合、通常では洪水のおそれがないような少ない降水量でも洪水につながることがある。

土石流　山の山腹や谷底にある土砂が長雨や集中豪雨などによって一気に下流へと押し流される現象。

がけ崩れ　雨が地中にしみ込んだ水分により不安定化した斜面が急激に崩れ落ちる現象。

山崩れ　山の斜面の土砂や岩石が急激に移動する現象で、大雨や融雪が原因となる場合が多い。地震が原因となることもある。

深層崩壊［2-14］　がけ崩れ・山崩れなどの斜面崩壊のうち、表層（厚さ0.5～2m程度）だけでなく深層の地盤までもが崩れる大規模な崩壊現象。

土砂ダム［2-14］ 土砂災害により崩れたり流されたりした大量の土砂が川をふさいで水の流れをせき止めること。専門的には「河道閉塞」といい、土砂がダムのように川をふさぐため「天然ダム」と呼ばれることもある。土砂ダムが発生すると、水がせき止められた場所より上流側では浸水被害が出ることがあり、また溜まった水の圧力で土砂ダムが一気に崩れると下流に大規模な土石流が押し寄せる。

命名豪雨［1-2-5、2-9、2-11、2-12］ 気象庁が、発生した元号年や顕著な被害が起きた地域名などを用いた名称をつけた豪雨。「平成29年7月九州北部豪雨」など。損壊家屋など1000棟程度以上または浸水家屋1万棟程度以上の家屋被害や、相当の人的被害、あるいは特異な気象現象による被害など基準が定められている。

命名台風 気象庁が、発生した元号年や顕著な被害が起きた地域名などを用いた名称をつけた台風。「令和元年東日本台風」など。かつて明確な基準がなかったが、大規模損壊1000棟程度以上または浸水家屋1万棟程度以上の家屋被害や相当の人的被害といった基準が2018年に定められた。

凍霜害［2-4］ 農作物に霜がついたり凍ったりすることによる被害。

直撃雷［2-8］ 開けた場所にいる人が落雷を直接受けること。

側撃雷［2-8］ 落雷を受けた樹木などの近くにいる人に、その樹木などから雷が移ること。

塩害［2-16］ 塩分により植物や構造物が被害を受けること。海から吹き寄せる風により海水が吹きつけられ、農作物が枯れたり、電線の損傷やコンクリートのひび割れなどが発生したりすることがある。なお、風などの気象現象による塩害のほか、津波により田畑に海水が侵入して農作物が被害を受けることも塩害と呼ぶ。

アイスジャム［2-1］ 冬期に凍結していた川が春になって解けることで氷が川を流れ下り、流れの遅いところで詰まり川をせき止める現象。川の水位が急激に上昇し氾濫の危険が高くなる。主に北海道の川で発生する。

◎気候

地球温暖化 地球全体の平均気温が上がること。産業革命以降、人間の活動によって大気中に放出される温室効果ガスが増加することによって気温が上がっていることがわかっている。

エルニーニョ現象 東部太平洋で海面水温が平年より高くなる現象。おおむね2〜7年おきに現れ、海面水温は平年より1〜2℃、時には2〜5℃も高くなり、半年から1年半程度続く。影響は地球全体に及び、世界各地に異常気象を引き起こす傾向がある。

ラニーニャ現象 エルニーニョ現象とは逆に、東部太平洋の海面水温が平年より低くなる現象。

ヒートアイランド現象［2-10］ 都市の気温が周囲よりも高くなる現象。気温の分布図で高温域が年を中心に島のような形状に分布することから名称がついた。

◎物理学・熱力学・気象学

数値予報モデル　大気や海洋の状態の変化を物理学の方程式に従って計算するためのプログラムのこと。

気化熱　物質が液体から気体に変化するときに周囲から吸収する熱のこと。

潜熱　物質が状態変化（固体・液体・気体の間の変化）するときに吸収または放出する熱のこと。状態変化しないときには顕にならない潜在的な熱。融解や気化のときには熱を吸収し、凝結のときには放出する。

凝結熱　物質が気体から液体に変化するときに放出される熱のこと。

（風の）シア　大気中の2点間で風向や風速が異なること。上層と下層で風向や風速が異なることを「鉛直シアがある」といい、同じ高さで異なることを「水平シアがある」という。差が大きいと「シアが大きい」と表現する。

温度風 [1-2-2]　暖気と寒気の間を吹く風のこと。偏西風など。北半球では暖気を右に見て吹く。

偏西風 [1-2-2]　中緯度域を西から東へ向かって吹く風。北極または南極を中心にして大きく波打ちながら地球を一周する帯状の風。

ブロッキング現象 [1-3-3]　偏西風の振幅が大きくなり、その谷や山の位置が長期間停滞する現象。同じ天候が長く続くことから、異常気象の原因となる。

貿易風　赤道付近で定常的に吹いている東向きの風。北半球ではおおむね北東風、南半球ではおおむね南東風になっている。

北極振動 [2-19]　大規模な気圧配置の変化を引き起こす現象の1つで、北極域の気圧が平年より高い（低い）とき、中緯度域で平年より低く（高く）なる。北極域の気圧が高いときには寒気が中緯度域に放出され、低いときには北極周辺に閉じ込められる。日本の天候を左右する要因の1つ。

モンスーン　季節によって風向きが交代する風。季節風。代表的なものにアジア・モンスーン（インド・モンスーンを含む）、オーストラリア・モンスーン、アフリカ・モンスーンがあり、アジア・モンスーンは日本の天候に大きな影響を与える。

気団　広い範囲にわたり、気温や水蒸気量がほぼ一様な空気の塊。

シベリア気団　冬にシベリアや中国東北区に出現する冷たい気団。

オホーツク海気団　梅雨や秋雨の頃にオホーツク海や三陸沖に出現する冷たい気団。

小笠原気団　北西太平洋に出現する暖かい気団。

長江（揚子江）気団　春と秋に長江流域で出現する、移動性高気圧の通過時に日本付近を覆う暖かい気団。

縁辺流　高気圧の縁を回る湿った空気の流れ。

転向　台風の進路の方向が、偏西風の影響下に入り、西向きから北または東向きに変わること。

はしり梅雨（梅雨のはしり） [1-2-5]　梅雨に先立って現れるぐずついた天気。

秋雨　秋に降る雨。長雨になりやすい。おおむね8月後半から10月にかけての現象だが、地域差がある。

移動性高気圧　偏西風に伴って、大陸から移動してくる高気圧。

太平洋高気圧　夏を中心に強まる高気圧で、その中心はハワイ諸島の北の東部にある。

小笠原高気圧　太平洋高気圧の一部で、小笠原諸島から南鳥島方面に中心を持つ。

オホーツク海高気圧　オホーツク海や千島付近で勢力を強める下層に寒気を伴った高気圧。梅雨期に現れることが多い。

帯状高気圧　東西方向に長く帯状に広がっている高気圧。春、秋に多く現れ、晴天が数日にわたり続く。

シベリア高気圧　寒候期にシベリアやモンゴル方面に現れる優勢な高気圧。北半球の冬にユーラシア大陸上で発達する高気圧で、日本付近の西高東低の冬型の気圧配置を構成する要素の1つ。

大陸の高気圧　主として冬に大陸に存在する高気圧。シベリア高気圧もこれに含まれる。

ブロッキング高気圧　中・高緯度で偏西風の蛇行が非常に大きくなった場合、北側に蛇行した山の部分で高気圧が発達して停滞するもの。

海風　日中、気温の低い海面から気温の高い陸地に向かって吹く風。

陸風　夜間、気温の低い陸地から気温の高い陸地に向かって吹く風。

おわりに

　本書はもともと、新米気象キャスターや経験の浅い気象予報士のために、実用的な気象の知識や伝え方のコツをまとめた "トリセツ" を作ろうという計画から始まりました。しかし、書籍としての構成を練っていくなかで、気象キャスターとして心に留めておくべきことは同時に気象情報を受け取る人にとっても大事なことであり、また、いざ災害を前にしたとき情報を伝える側が努力するだけでは防災につながらないことが、改めて見えてきました。結果として本書は、気象情報の伝え手と受け手の橋渡しになるような内容構成としました。

　そんな本書の性質上、内容は「とにかく具体的に記述する」ことに留意しながら執筆しました。そのため、第2章の「近年の気象災害事例」を書くにあたっては、できる限りデータに基づいた事実を収集しました。それらのデータによって、一度に多くの人が亡くなったことや、どうあがいても人の力では抗いきれないほどの気象災害だったことをまざまざと見せつけられることになり、書くのがつらいと感じることがたびたびありました。また、第3章の「防災情報としての気象情報」は、具体的に書けば書くほど、わかりやすさからは遠ざかってしまい、さじを投げたくなる始末でした。しかし、気象災害があまりに非情であることも、気象という複雑で厄介な現象に対応するための情報が必然的に複雑になることも、まぎれもない事実です。本書では、多少読みづらくなることを甘受して、あえて事実をありのまま書いた箇所もあります。

　技術が進歩し生活が便利になる現代、私たちは知らず知らずのうちに「想像する力」を奪われつつあります。今日、テレビの天気予報で頻繁に流れる「雨の予想」のCG動画は、以前なら信じられなかったほど綺麗になりました。高精細なCGを見ていると、まるで本当にその通りに雨が降るとしか思えないほどで、それがあくまで「予想」でしかないことを忘れてしまいそうになります。

　しかし実際には、そのCGよりもひどい雨が降るおそれもあれば、まったく雨が降らない可能性すらあるのです。「予想」より雨が多く降ったら何が起きるのか。自分の生活は？　仕事は？　家族の安全は……？　「予想」が「予想」でしかないことを補完するための「想像する力」が、命を守るためには求められ

ています。そして同時に、気象情報を伝える側も「想像する力」を備えていないと、いざというときに役に立つ情報を届けることはできません。本書の内容が、伝え手と受け手それぞれの「想像する力」を養う一助となれば幸いです。

　なお、気象・防災情報が年々変化し続けていることは本書の各所でも述べていますが、執筆中にもまさに情報の変更や誕生が相次ぎました。特別警報の発表方法を改善する取り組みは目下進行中ですし、印刷所から上がってきた初校ゲラを修正（朱入れ）している間には、生物季節観測の大幅削減のニュースが流れ、衝撃を受けました。また、印刷所にゲラを戻す直前に報道された「線状降水帯注意情報（仮称)」の新設については、本書に含めることができませんでした。ここから先は、皆さん自身で学びを深めていってください。

　最後になりましたが、本書の執筆にあたり、丸善出版には企画段階から丁寧にアドバイスをしていただき、締め切りの守れない執筆者を優しくフォローしていただきました。気象庁にはデータ提供や情報の確認などさまざまな面で大変お世話になりました。さらに国土交通省、各地の地方自治体などにも写真やデータを提供いただきました。この場を借りて、厚く御礼申し上げます。

　2021年1月吉日

著　　　者

【著者略歴】

田代大輔（たしろ・だいすけ）

気象予報士・防災士。気象キャスターとして「NHK ニュースおはよう日本」、TBS「あさチャン！」、とちぎテレビなどに出演。また気象キャスターの育成環境を整えるため、2014 年にオフィス気象キャスター株式会社を設立。2019 年まで代表取締役を務め、現在は気象キャスターアドバイザー（顧問）として後進のサポートなど行う。

竹下愛実（たけした・めぐみ）

気象予報士・防災士。気象キャスターとして三重テレビ放送、NHK 仙台放送局、とちぎテレビ、千葉テレビ放送の気象情報担当を歴任。またフジテレビ「奇跡体験！アンビリバボー」気象監修・出演。全国各地の小学校で気象防災や温暖化に関する出前授業を担当するほか、気象学会の男女共同参画・人材育成委員会の委員を務めるなど、幅広く活動。

246

引用文献

- 『大雪時の道路交通確保対策中間とりまとめ』（国土交通省冬期道路交通確保対策検討委員会，2018 年）
  https://www.mlit.go.jp/road/ir/ir-council/toukidourokanri/pdf/t02.pdf
- 『雷から身を守るには―安全対策 Q & A』（日本大気電気学会，2001 年）
- 『年齢（5 歳階級）別にみた熱中症による死亡数の年次推移（平成 7 年～ 30 年）』（厚生労働省）
  https://www.mhlw.go.jp/toukei/saikin/hw/jinkou/tokusyu/necchusho18/dl/nenrei.pdf
- 『平成 28 年度　食料・農業・農村白書』（農林水産省，2017 年）
  https://www.maff.go.jp/j/wpaper/w_maff/h28/
- 『平成 28 年 8 月から 9 月にかけての大雨等災害について』（北海道総務部危機対策局危機対策課，2016 年）
  http://www.pref.hokkaido.lg.jp/sm/ktk/kensyou/siryou2.kenshou1.pdf
- 『2011 年紀伊半島大水害　国土交通省近畿地方整備局 災害対応の記録』（近畿地方整備局企画部企画課，
  2014 年）https://www.kkr.mlit.go.jp/bousai/kiroku/qgl8vl0000008lkt-att/kiihantou-kirokushi.pdf
- 『平成 26 年 8 月 8 日～ 8 月 10 日 台風 11 号紀の川出水概要（速報版）』（近畿地方整備局和歌山河川国
  道事務所，2014 年）https://www.kkr.mlit.go.jp/wakayama/topics/2014/20140813.pdf
- 『台風 21 号対応検証委員会報告』（関西電力株式会社，2018 年）
  https://www.kepco.co.jp/corporate/pr/souhaiden/2018/pdf/1213_1j_02.pdf
- 『台風 15 号対応検証委員会報告書（最終報告）』（東京電力ホールディングス株式会社，2020 年）
  https://www.tepco.co.jp/press/release/2020/pdf1/200116j0101.pdf
- 『改正災害対策基本法の初適用による立ち往生車両の排除』（国土交通省，2014 年）
  https://www.mlit.go.jp/common/001063100.pdf
- 『気象業務はいま 2017―守ります人と自然とこの地球』（気象庁，2017 年）
  https://www.jma.go.jp/jma/kishou/books/hakusho/2017/HN2017.pdf
- 『記録的短時間大雨情報のより迅速な発表』（気象庁，2016 年）
  https://www.jma-net.go.jp/nagasaki-c/gyomu/hodo/2016/ns_hodou20160915.pdf
- 『洪水予報の発表形式の改善について』（国土交通省河川局・気象庁予報部，2007 年）
  https://www.jma.go.jp/jma/press/0704/11a/kouzuikaizen.pdf
- 『平成 26 年版　消防白書』（総務省消防庁）https://www.fdma.go.jp/publication/hakusho/h26/
- 『平成 27 年版　消防白書』（総務省消防庁）https://www.fdma.go.jp/publication/hakusho/h27/
- 『平成 28 年版　消防白書』（総務省消防庁）https://www.fdma.go.jp/publication/hakusho/h28/
- 『平成 29 年版　消防白書』（総務省消防庁）https://www.fdma.go.jp/publication/hakusho/h29/
- 『平成 30 年度版　消防白書』（総務省消防庁）https://www.fdma.go.jp/publication/hakusho/h30/
- 『令和元年度版　消防白書』（総務省消防庁）https://www.fdma.go.jp/publication/hakusho/r1/
- 『平成 24 年度版　防災白書』（内閣府）http://www.bousai.go.jp/kaigirep/hakusho/h24/index.htm
- 『平成 25 年度版　防災白書』（内閣府）http://www.bousai.go.jp/kaigirep/hakusho/h25/index.htm
- 『平成 26 年度版　防災白書』（内閣府）http://www.bousai.go.jp/kaigirep/hakusho/h26/

・『平成 27 年度版　防災白書』（内閣府）http://www.bousai.go.jp/kaigirep/hakusho/h27/
・『平成 28 年度版　防災白書』（内閣府）http://www.bousai.go.jp/kaigirep/hakusho/h28/
・『平成 29 年度版　防災白書』（内閣府）http://www.bousai.go.jp/kaigirep/hakusho/h29/
・『平成 30 年度版　防災白書』（内閣府）http://www.bousai.go.jp/kaigirep/hakusho/h30/
・『令和元年度版　防災白書』（内閣府）http://www.bousai.go.jp/kaigirep/hakusho/h31/
・『令和 2 年度版　防災白書』（内閣府）http://www.bousai.go.jp/kaigirep/hakusho/r02/
・『災害をもたらした気象事例　台風第 18 号　平成 16 年（2004 年）　9 月 4 日～9 月 8 日』（気象庁）
　http://www.data.jma.go.jp/obd/stats/data/bosai/report/2004/20040904/20040904.html
・『かぼちゃの大きさの雹（ひょう）について』（埼玉地方気象台）
　https://www.jma-net.go.jp/kumagaya/shosai/chishiki/hyou.html
・『平成 24 年 5 月 6 日に発生した竜巻について（報告）』（気象庁熊谷地方気象台）
　http://www.jma.go.jp/jma/menu/tatsumaki-portal/tyousa-houkoku.pdf
・『平成 24 年 5 月 6 日に茨城県つくば市付近で発生した竜巻について』（気象研究所，2012 年）
　http://www.jma.go.jp/jma/menu/tatsumaki-portal/kishouken-kaiseki.pdf

参考文献

・『平成 28 年 1 月 23 日からの大雪等による被害状況等について』（内閣府，2016 年）
　http://www.bousai.go.jp/updates/h280123ooyuki/pdf/h280123ooyuki_06.pdf
・『沖縄』（沖縄気象台，技術ノート　第 4 号）
・『強い冬型の気圧配置による大雪　平成 30（2018）年 2 月 3 日～8 日　（速報）』（気象庁，2018 年）
　https://www.data.jma.go.jp/obd/stats/data/bosai/report/2018/20180215/jyun_sokuji201800203-0208.pdf
・『平成 30 年 2 月 4 日から 8 日にかけての大雪に関する福井県気象速報』（福井地方気象台，2018 年）
・『2 月 4 日からの大雪等による被害状況等について』（内閣府，2018 年）
　http://www.bousai.go.jp/updates/h300204ooyuki/pdf/h300204ooyuki_09.pdf
・『今後の大雪に関する対策【平成 30 年 2 月豪雪】』（福井県）
・『2018 年 2 月の北陸地方における大雪の被害と影響に関する一考察 ―金沢市・福井市を対象として―』
　（森崎裕磨・長木雄大・藤生慎・髙山純一 著，自然災害科学，2019 年）
　https://www.jsnds.org/ssk/ssk_38_3_347.pdf
・『この冬の大規模滞留事例と大雪時の道路交通確保対策の主な取り組み』（国土交通省）
　https://www.mlit.go.jp/road/ir/ir-council/toukidourokanri/pdf03/04.pdf
・『平成 26 年（2014 年）全国災害時気象概況』（気象庁，2015 年）
　https://www.jma.go.jp/jma/kishou/books/kishougaikyo/gaikyo_2014.pdf
・『2 月 14 日から 16 日の大雪等の被害状況等について』（内閣府）
　http://www.bousai.go.jp/updates/h26_02ooyuki/index.html
・『災害復興対策事例集　2014 年（平成 26 年）2 月 14 ～ 16 日大雪による災害』（内閣府）

http://www.bousai.go.jp/kaigirep/houkokusho/hukkousesaku/saigaitaiou/output_html_1/pdf/201401.pdf
・『「平成 26 年 2 月大雪（14・15 日）」八王子の記録』（八王子市）
　https://www.city.hachioji.tokyo.jp/emergency/bousai/m12873/006/p005665_d/fil/ooyuki_kiroku.pdf
・『2014 年 2 月山梨県豪雪被害と地域社会の対応―都留市住民に対する聞き取りからの予備的考察―』
　（山口博史，都留文科大学研究紀要第 28 集，2015 年）
　http://trail.tsuru.ac.jp/dspace/bitstream/trair/ 716/1/%EF%BC%B9-082085.pdf
・『天気：新用語解説「南岸低気圧」』（荒木健太郎 著，天気 63(8)，2016 年）
　https://www.metsoc.jp/tenki/pdf/2016/2016_08_0123.pdf
・『国土交通省白書　2015』（国土交通省）https://www.mlit.go.jp/hakusyo/mlit/h26/index.html
・『異例の降雪を想定したタイムライン（防災行動計画）』（国土交通省）
　https://www.mlit.go.jp/common/001064323.pdf
・『平成 30 年 3 月 8 日から 9 日にかけての大雨と融雪に関する気象速報』（札幌管区気象台）
・『平成 30 年 3 月 8 日から 9 日の大雨と融雪および洪水に関する気象速報（釧路・根室地方）（平成 30
　年 3 月 13 日発表）』（釧路地方気象台）
・『3 月 8 日から 9 日にかけての大雨と融雪等による被害状況等（第 2 報）』（北海道）
　http://kyouiku.bousai-hokkaido.jp/wordpress/ndl/130958/
・『湧別川・渚滑川におけるアイスジャムについて』（北海道開発局）
　https://www.hkk.or.jp/oshirase/ 20190603bs31.pdf
・『2018 年 3 月北海道アイスジャム被害報告と今後の被害軽減策』（寒地土木研究所，2018 年）
　https://thesis.ceri.go.jp/db/files/11792470095d252d29be0b0.pdf
・『寒地土木研究所月報』論説「気候変動と北海道の冬」（船木淳悟 著，第 781 号，2018 年）
　https://thesis.ceri.go.jp/db/files/11039753255b1880dfe3d3a.pdf
・『川が支える北海道の暮らし〜北海道の河川の特徴と歴史〜』
　https://manabi.pref.hokkaido.jp/college/learn/ikouza/qqn7eu00000016i7-att/qqn7eu0000001ui6.pdf
・『平成 29 年 3 月 27 日那須雪崩事故検証委員会について』（栃木県）
　https://www.pref.tochigi.lg.jp/m01/kensyouiinkai.html
・『平成 24 年 4 月 3 日から 5 日にかけての暴風と高波　平成 24 年（2012 年）4 月 3 日〜 4 月 5 日（速報）』（気象
　庁）https://www.data.jma.go.jp/obd/stats/data/bosai/report/2012/20120403/jyun_sokuji20120403-0405.pdf
・『平成 24 年 4 月 2 〜 3 日に急発達した低気圧について』（気象研究所）
　https://www.jma.go.jp/jma/press/1204/06a/20120406teikiatsu.pdf
・『2012 年 4 月 3 日爆弾低気圧到来時における首都圏通勤・通学者の帰宅行動に関する質問紙調査』
　（廣井悠著，日本建築学会計画系論文集（714），2015 年）http://www.u-hiroi.net/pap/hiroi_pap201510.pdf
・『自然災害による緊急的普及指導活動』（福島県）
　https://www.pref.fukushima.lg.jp/uploaded/attachment/ 294413.pdf
・『知事記者会見 平成 28 年 5 月 23 日（月）』（福島県）
　https://www.pref.fukushima.lg.jp/site/chiji/kaiken20160523.html#01
・『凍霜被害が発生した果樹類の当面の管理』（福島県）

https://www.pref.fukushima.lg.jp/uploaded/attachment/163053.pdf
・『2012 年 5 月 6 日茨城・栃木の竜巻に関する調査研究報告会』（天気 60(1)，2013 年）
https://www.metsoc.jp/tenki/pdf/2013/2013_01_0047.pdf
・『2017 年東北山林火災における岩手県釜石市・宮城県栗原市の被害概要』（峠嘉哉・Grace Puyang
EMANG・風間聡・高橋幸男・佐々木健介 著，自然災害科学 36(4)，2018 年）
https://www.jsnds.org/ssk/ssk_36_4_361.pdf
・『平成 30 年 7 月豪雨（前線及び台風第 7 号による大雨等）』（気象庁）
http://www.data.jma.go.jp/obd/stats/data/bosai/report/2018/20180713/jyun_sokuji20180628-0708.pdf
・『「平成 30 年 7 月豪雨」及び 7 月中旬以降の記録的な高温の特徴と要因について』（気象庁）
https://www.jma.go.jp/jma/press/1808/10c/h30goukouon20180810.pdf
・『地球温暖化で変わりつつある日本の豪雨』（川瀬宏明，2018 年）
https://www.mri-jma.go.jp/Topics/H30/301110/2-3_presen.pdf
・『平成 30 年 7 月豪雨による被害状況等について』（内閣府）
http://www.bousai.go.jp/updates/h30typhoon7/pdf/310109_1700_h30typhoon7_01.pdf
・『平成 30 年 7 月豪雨災害の概要と被害の特徴』（国土交通省）
https://www.mlit.go.jp/river/shinngikai_blog/hazard_risk/dai01kai/dai01kai_siryou2-1.pdf
・『平成 30 年 7 月豪雨災害による被害等について（最終報）』（広島県）
https://www.pref.hiroshima.lg.jp/uploaded/attachment/323003.pdf
・『平成 30 年 7 月豪雨災害検証報告書』（岡山県）
https://www.pref.okayama.jp/uploaded/life/601705_5031910_misc.pdf
・『7 月豪雨の概要及び被害の状況』（宇和島市）
https://www.city.uwajima.ehime.jp/uploaded/attachment/ 20420.pdf
・『平成 30 年 7 月豪雨　愛媛大学災害調査団報告書』（愛媛大学）
https://cdmir.jp/files/home/h30-07-heavyrain.pdf
・『野村ダム・鹿野川ダムの操作に関わる情報提供等に関する検証等の場（とりまとめ）参考資料』（四
国地方整備局）http://www.skr.mlit.go.jp/kasen/kensyounoba/matomesankou.pdf
・『平成 26 年 8 月 20 日に発生した広島市土砂災害の概要』（内閣府）
http://www.bousai.go.jp/fusuigai/dosyaworking/pdf/dai1kai/siryo2.pdf
・『災害復興対策事例集　2014 年（平成 26 年）8 月 19 日からの豪雨災害』（内閣府）
http://www.bousai.go.jp/kaigirep/houkokusho/hukkouseisaku/saigaitaiou/output_html_1/pdf/201402.pdf
・『前線による大雨　平成 26（2014）年 8 月 15 日～ 8 月 20 日　（速報）』（気象庁）
http://www.data.jma.go.jp/obd/stats/data/bosai/report/2014/20140815/jyun_sokuji20140815-20.pdf
・『8.20 土砂災害』（広島県）
https://www.sabo.pref.hiroshima.lg.jp/portal/sonota/sabo/pdf/216_H26_ 820dosyasaigai.pdf
・『2014 年 8 月 20 日に広島市で発生した豪雨と土石流災害の特徴』（山本晴彦・小林北斗 著，自然災害
科学 33(3)，2014 年）https://www.jsnds.org/ssk/ssk_33_3_293.pdf
・『平成 26 年 8 月広島豪雨災害調査報告書』（水工学委員会災害調査団）
https://committees.jsce.or.jp/report/system/files/2014%E5%B9%B4%E5%BA%83%E5%B3%B6%E8%B1%AA

%E9%9B%A8%E7%81%BD%E5%AE%B3%E5%A0%B1%E5%91%8A%E6%9B%B8%EF%BC%88%E6%9C%80%E7%B
5%82%E7%89%88%EF%BC%89.pdf
・『平成 28 年台風第 11 号及び第 9 号による被害状況等について』（内閣府）
http://www.bousai.go.jp/updates/h28typhoon11/pdf/h28typhoon11_02.pdf
・『平成 28 年 8 月大雨災害』（一般財団法人石狩川振興財団）
https://www.ishikari.or.jp/%E7%9F%B3%E7%8B%A9%E5%B7%9D%E3%81%AE%E9%98%B2%E7%81%BD/%E5
%9B%B3%E6%88%9028%E5%B9%B48%E6%9C%88%E5%A4%A7%E9%9B%A8%E7%81%BD%E5%AE%B3/
・『台風第 7 号、第 11 号、第 9 号、第 10 号及び前線による大雨・暴風　平成 28（2016）年 8 月 16 日〜
8 月 31 日（速報）』（気象庁）
http://www.data.jma.go.jp/obd/stats/data/bosai/report/ 2016/20160906/jyun_sokuji20160816-31.pdf
・『気象業務はいま　2017』（気象庁）
https://www.jma.go.jp/jma/kishou/books/hakusho/2017/HN2017.pdf
・『平成 28 年台風 10 号による被害状況等について』（内閣府）
http://www.bousai.go.jp/updates/h28typhoon10/pdf/h28typhoon10_24.pdf
・『平成 28 年台風 10 号豪雨災害「復旧の記録」　ふるさと岩泉の再生へ』（岩泉町）
https://www.town.iwaizumi.lg.jp/docs/2018032000019/file_contents/taifu10gou.pdf
・『台風 10 号による被害について』（国土交通省）
https://www.mlit.go.jp/river/shinngikai_blog/suigairisk/dai01kai/pdf/3_taifu10.pdf
・『水害レポート 2016』（国土交通省）https://www.mlit.go.jp/river/pamphlet_jirei/pdf/suigai2016.pdf
・『深層崩壊の発生の恐れのある渓流抽出マニュアル（案）』（土木研究所）
https://www.mlit.go.jp/common/001197940.pdf
・『台風第 21 号による暴風・高潮等　平成 30 年（2018 年）9 月 3 日〜9 月 5 日（速報）』（気象庁）
http://www.data.jma.go.jp/obd/stats/data/bosai/report/2018/20180911/jyun_sokuji20180903-0905.pdf
・『平成 30 年台風第 21 号に係る被害状況等について』（内閣府）
http://www.bousai.go.jp/updates/h30typhoon21/pdf/301003_typhoon21_01.pdf
・『台風第 24 号による暴風・高潮等　平成 30 年（2018 年）9 月 28 日〜10 月 1 日（速報）』（気象庁）
https://www.data.jma.go.jp/obd/stats/data/bosai/report/2018/20181011/jyun_sokuji20180928-1001.pdf
・『鉄道の計画運休の実施についての取りまとめ』（国土交通省）
https://www.mlit.go.jp/common/ 001296916.pdf
・『平成 25 年　伊豆大島土砂災害記録誌』（大島町）
https://www.town.oshima.tokyo.jp/uploaded/attachment/1367.pdf
・『大雨特別警報の発表指標の改善（概要）』（気象庁）
https://www.jma.go.jp/jma/press/ 1910/11a/ 20191011_tokubetsukeihou_kaizen_gaiyou.pdf
・『台風第 21 号及び前線による大雨・暴風等　平成 29（2017）年 10 月 21 日〜10 月 23 日（速報）』（気象庁）
https://www.data.jma.go.jp/obd/stats/data/bosai/report/2017/20171025/jyun_sokuji20171021-1023.pdf
・『平成 26 年 12 月 5 日から 6 日の大雪について（徳島県の気象速報）』（徳島地方気象台）
https://www.jma-net.go.jp/tokushima/disaster_report/report20141208.pdf
・『大雪（平成 26 年 12 月 5 日〜）に関する被害の状況等について（第 6 報）』（徳島県）

https://anshin.pref.tokushima.jp/docs/2014120800066/files/siryou.pdf

・『四国災害アーカイブズ』（四国クリエイト協会）http://www.shikoku-saigai.com/

・『12 月 5 日からの大雪等にかかる被害状況について（第 8 報）』（国土交通省）

　https://www.mlit.go.jp/common/001064716.pdf

・『災害対策基本法に基づく車両移動に関する運用の手引き』（国土交通省）

　http://www.mlit.go.jp/road/bosai/vehicle_movement/guidance.pdf

・『2014 年 12 月徳島県西部の大雪災害による山間集落の孤立と対策』（三神厚・鈴木猛康，日本災害情

　報学会 17 回研究発表大会予稿集，2015 年）

　https://www.ccn.yamanashi.ac.jp/~takeyasu/ oral/2015No.4. pdf

・『糸魚川市大規模火災を踏まえた今後の消防のあり方に関する検討会資料』（総務省消防庁）

　https://www.fdma.go.jp/singi_kento/kento/kento187.html

・『糸魚川大規模火災の経験をふまえた、今後の復興まちづくり計画の考え方』（国土交通省）

　https://www.mlit.go.jp/common/001214500.pdf

・『大火の概要』（糸魚川市）https://hope-itoigawa.jp/taika/hassei/

・『糸魚川市大規模火災について考える』（関澤愛，季刊 消防防災の科学 No.128，2017 年）

　https://www.isad.or.jp/pdf/information_provision/information_provision/no128/43p.pdf

・『新潟県とその沿岸海上におけるだし風の再現実験』（荒木健太郎，天気 57(8)，2010 年）

　https://www.metsoc.jp/tenki/pdf/2010/2010_08_0117.pdf

・『防災気象情報の伝え方の改善策と推進すべき取組』（気象庁・国土交通省）

　https://www.jma.go.jp/jma/kishou/shingikai/kentoukai/tsutaekata/report2/tsutaekata_report2.pdf

・『気象業務はいま　2014』（気象庁）https://www.jma.go.jp/jma/kishou/books/hakusho/2014/HN2014.pdf

・『暴風雪等による被害状況等について（12 月 14 日〜）』（内閣府）

　http://www.bousai.go.jp/updates/h26boufu/pdf/h26boufu04.pdf

・『12 月 12 日からの大雪等にかかる被害状況について』（国土交通省）

　https://www.mlit.go.jp/common/ 001064715.pdf

・『12 月 17 日低気圧に係る根室港及び周辺地域の高潮被害の調査結果（速報）』（国土技術政策総合研究

　所・港湾空港技術研究所・寒地土木研究所・北海道開発局）

　https://www.pari.go.jp/files/items/5880/File/press-release261222.pdf

・『高潮浸水想定区域図作成の手引き』（国土交通省・農林水産省）

　https://www.mlit.go.jp/river/shishin_guideline/kaigan/takashioshinsui_manual.pdf

・『「熱中症警戒アラート（仮称）」（案）について』（気象庁・環境省）

　https://www.wbgt.env.go.jp/pdf/sg_epr/R0201/doc02.pdf

・『デジタル台風　100 年天気図データベース』（国立情報学研究所）

　http://agora.ex.nii.ac.jp/digital-typhoon/weather-chart/

・『台風第 18 号等による大雨　平成 27（2015）年 9 月 7 日〜9 月 11 日（速報）』（気象庁）

　http://www.data.jma.go.jp/obd/stats/data/bosai/report/2015/20150907/jyun_sokuji20150907-11.pdf

・『平成 27 年 9 月関東・東北豪雨の発生要因』（気象研究所）

　https://www.mri-jma.go.jp/Topics/H27/ 270918/press20150918.pdf

- 『令和元年度　予報技術研修テキスト「台風進路予報の予報円改善について」』(気象庁)
  https://www.jma.go.jp/jma/kishou/know/expert/pdf/r1_text/r1_typhoonyohouen.pdf
- 『「2017年台風第21号の航空機観測を用いた強度解析と予測実験」の結果について』(琉球大学・名古屋大学・気象研究所・海洋研究開発機構)
  http://www.nagoya-u.ac.jp/about-nu/public-relations/researchinfo/upload_images/20180730_isee.pdf
- 『全球海洋観測システム「アルゴ」で明らかになった海洋の変化』(海洋研究開発機構)
  http://www.jamstec.go.jp/j/about/press_release/20160129/
- 『令和元年台風第15号に係る被害状況等について』(内閣府)
  http://www.bousai.go.jp/updates/r1typhoon15/pdf/r1typhoon15_30.pdf
- 『令和元年東日本台風(台風第19号)による大雨、暴風等　令和元年(2019年)10月10日〜10月13日(速報)』(気象庁)
  http://www.data.jma.go.jp/obd/stats/data/bosai/report/2019/ 20191012/jyun_sokuji20191010-1013.pdf
- 『災害時気象報告　令和元年房総半島台風及び8月13日から9月23日にかけての前線等による大雨・暴風等』(気象庁) http://www.jma.go.jp/jma/kishou/books/saigaiji/saigaiji_202002.pdf
- 『気候変動監視レポート　2019』(気象庁)
  https://www.data.jma.go.jp/cpdinfo/monitor/2019/pdf/ccmr2019_all.pdf
- 『台風についてわかっていることいないこと』(筆保弘徳 編著, 山田広幸・宮本佳明・伊藤耕介・山口宗彦・金田幸恵 著, ベレ出版, 2018年)
- 『気象百年史』(気象庁 編, 1975年)
- 『お天気歳時記』(田代大輔 著, NHK出版, 2005年)
- 『改訂新版　気象予報のための天気図のみかた』(下山紀夫 著, 東京堂出版, 2013年)

【学びをより深めたい読者のために】

- 『気象業務はいま　2020』(気象庁)
  https://www.jma.go.jp/jma/kishou/books/hakusho/2020/index.html
- 『気候変動監視レポート2019』(気象庁) https://www.data.jma.go.jp/cpdinfo/monitor/index.html
- 『気象庁　急な大雨や雷・竜巻から身を守るために』(気象庁)
  http://www.jma.go.jp/jma/kishou/know/tenki_chuui/tenki_chuui_p1.html
- 『気象庁　台風や集中豪雨から身を守るために』(気象庁)
  http://www.jma.go.jp/jma/kishou/know/ame_chuui/ame_chuui_p1.html
- 『気象庁　気象観測・気象衛星』(気象庁) https://www.jma.go.jp/jma/kishou/know/kansoku.html
- 『気象庁　海洋の健康診断表』(気象庁) https://www.data.jma.go.jp/gmd/kaiyou/shindan/index.html
- 『気象庁　高層気象台ホームページ』(気象庁高層気象台) https://www.jma-net.go.jp/kousou/
- 『国立天文台　暦計算室』(国立天文台) https://eco.mtk.nao.ac.jp/koyomi/
- 『デジタル台風』(国立情報学研究所) http://agora.ex.nii.ac.jp/digital-typhoon/

索 引

※ **太字**のページには「用語集」に詳しい解説があります。

258

天気予報活用ハンドブック——四季から読み解く気象災害

令和3年3月25日　発　行

編　者　　オフィス気象キャスター株式会社

著作者　　田　代　大　輔
　　　　　竹　下　愛　実

発行者　　池　田　和　博

発行所　　丸善出版株式会社
　　　　　〒101-0051 東京都千代田区神田神保町二丁目17番
　　　　　編集：電話（03）3512-3265／FAX（03）3512-3272
　　　　　営業：電話（03）3512-3256／FAX（03）3512-3270
　　　　　https://www.maruzen-publishing.co.jp

© Daisuke Tashiro, Megumi Takeshita, 2021

組版印刷・製本／三美印刷株式会社

ISBN 978-4-621-30599-7　C 3044　　　　Printed in Japan